Hans Emge

Erfolgreich gründen ohne Bank

Hans Emge

Erfolgreich gründen ohne Bank

Mit wenig Geld und geringem Risiko in die Selbständigkeit

Bibliografische Information Der Deutschen Bibliothek

Die Deutsche Bibliothek verzeichnet diese Publikation in der Deutschen Nationalbibliografie; detaillierte bibliografische Daten sind im Internet über www.d-nb.de abrufbar.

Redaktion: Cornelia Rüping

ISBN 978-3-7093-0300-9

© LINDE VERLAG WIEN Ges.m.b.H., Wien 2010
1210 Wien, Scheydgasse 24, Tel.: 0043/1/24 630
www.lindeverlag.de
www.lindeverlag.at

Umschlag: buero8
Satz: Hannes Strobl, Satz·Grafik·Design, 2620 Neunkirchen
Druck: Hans Jentzsch & Co. GmbH, 1210 Wien, Scheydgasse 31

Inhalt

Vorwort

Kann man gänzlich ohne Bankkredit gründen? „Nur wenn man selbst genug Geld hat", hätten wir früher gesagt. Doch älter und weiser wissen wir heute: Es geht doch. Und es wird häufig praktiziert, manchmal sogar sehr erfolgreich. Die Zahl der bankkreditfreien Gründungen wächst augenscheinlich von Jahr zu Jahr. Gründe dafür: die Verlagerung auf Subunternehmer und die Entwicklung der Dienstleistungsgesellschaft. Gründungen im Dienstleistungsbereich erfordern weniger Investitionen und Warenlager als die traditionellen Gründungen in Handel, Handwerk oder gar Industrie. Das verführt aber auch zur Unvorsicht.

Dennoch ist Gründen ohne Kredit nur selten ein eigenes Thema in der Ratgeberliteratur. In diesem Buch erfahren Sie im Detail, wie die Gründung ohne einen Bankkredit wirklich eine risikoreduzierte Gründung werden kann und nicht als unterkapitalisiertes Unternehmen so lange als Kümmerexistenz vor sich hin dümpelt, bis die Batterie des Gründers leer ist. Wir nennen Ihnen Voraussetzungen, Vorteile und verschweigen nicht die Nachteile. Und wir versprechen: ein völlig anderes Gründergefühl.

1. Die Bank als Problem

Zur Bank zu gehen ist für viele Menschen genauso unangenehm wie der Besuch beim Zahnarzt. Doch warum ist das
so? Und welche Behandlung ist das kleinste Übel? Umgekehrt lieben Banker auch die Gründer nicht vorurteilslos. Alles
spricht also dafür, vor dem Bankbesuch erst einmal hinter die
Kulissen zu schauen.

Förderbank oder Folterbank?

Jeder Gründer sollte dieses Gefühl einmal erlebt haben: vor einem Kreditbanker zu sitzen und peinliche Fragen zu Verdienst, Vermögen und Lebenshaltung und peinigende Fragen zum Gründungskonzept beantworten zu müssen. Die goldene Regel heißt: je inkompetenter der Banker, desto mehr peinliche Fragen; je kompetenter, desto mehr peinigende Fragen.

Fast alle Gründer nehmen den üblen Nachgeschmack von Erniedrigung und Demütigung wahr. Fast alle Kundenstühle in den Banken haben Schweißränder. Dabei ist das Kreditgespräch eigentlich schon so etwas wie ein Etappensieg. Viele Gründer bekommen erst gar keinen Termin, weil das zuvor eingereichte Konzept nicht überzeugt. Und wer ohne Konzept in ein Gespräch will, wird selten ernst genommen, egal was er zu sagen hat. Äußerst selten nur hat ein Gründer der Bank gegenüber ein gutes Gefühl. (Und wenn, wird es ihm im Lauf der Kreditbearbeitung genommen.) Liebend gern würde er es ohne sie schaffen.

Wir wollen helfen, indem wir die dafür notwendigen Voraussetzungen benennen: Dabei stützen wir uns auf die Erfahrung aus einigen tausend Gründungsberatungen und tausend Kreditverhandlungen.

Das Grundübel beim Gründerkredit ist das Hausbankprinzip. Vollmundig verkündet zwar die Kreditanstalt für Wiederaufbau (KfW), Deutschlands führende Förderbank, wie leicht es sei, einen Kredit zu bekommen, wenn nur Konzept und Person stimmen. Aber real hat sie da wenig Einfluss. Hauptgrund dafür ist, dass jeder Kreditwunsch zunächst bei der Hausbank vorgetragen und von ihr beantragt werden muss. Die freut sich selten darüber, denn Gründer machen viel Arbeit, bringen wenig Gewinn und bedeuten ein erhebliches Kreditrisiko. Da banKübliche Sicherheiten selten ausreichend vorhanden sind, springt die KfW mit Teilabsicherungen ein. Damit steigt der bürokratische Aufwand erheblich, und die möglichen Zinsmargen reizen die auf Rendite getrimmten Banker selten. Kurz und schlecht: Es lohnt sich nicht!

Und: Je geringer die Kreditsumme, desto unverhältnismäßiger der Aufwand für alle Seiten. Fakt ist: 80 Prozent der Gründer starten mit Summen bis 25.000 Euro, für die Hausbank ist das kein gutes Geschäft. Also mauert sie: Sie setzt oft die schlechten oder jüngsten Mitarbeiter in der Abteilung Gründungskredit ein und hat ein reichhaltiges Arsenal an Abwimmel-Argumenten; selten sind stichhaltige dabei. Denn dazu müsste man die eingereichten Gründungskonzepte lesen. Ein Aufwand, den sich viele Banker lieber ersparen. So werden eigentlich nur Kredite bewilligt – je nach Bank liegt die Erfolgschance bei fünf bis 15 Prozent der Versuche –, wenn Sonderfaktoren vorliegen:

- Der Kunde ist wichtig. (Vorsicht: Manche fühlen sich nur so.)
- Der Gründer oder sein Berater hat alles sehr gut vorbereitet, also bankgerecht präsentiert.
- Der Banker hat eine starke Affinität zur Gründungsidee.

Durchfallen ist also keine Schande und vor allem kein Beweis für gar nichts.

Warum wollen Gründer keinen Bankkredit?

Wenn Gründer sich lieber ohne Geld von der Bank selbständig machen wollen, stecken im Wesentlichen drei Gründe dahinter:

1. Angst vor Ablehnung

Viele Gründer fürchten die Ablehnung – ob aus mangelndem Selbstvertrauen oder gesundem Realitätssinn. Und sie kennen genügend schlechte Beispiele – ob aus dem eigenen Umfeld oder aus den Medien.

2. Angst vor Schulden

„Kredite muss man zurückzahlen. Was ist, wenn das Geschäft nicht läuft?" Die Angst, sich durch Schulden zu ruinieren, ist vor allem bei Frauen weit verbreitet. Sie versteckt sich zwar hinter Logik und Moral, ist aber eigentlich emotional.

3. Widerwille gegen das Procedere

Sich von einem 25-jährigen Banker peinlich und intim befragen zu lassen, ist wahrlich nicht jederfraus Sache. Die endlosen Formulare ärgern jedermann. Und die notwendige stoische Geduld, wie sie zum Beispiel adoptionswillige Eltern mitbringen, zählt selten zu den Eigenschaften eines Gründers.

Alle drei Gründe sind gute Gründe. Man wird sie niemandem ausreden können. Doch trotz allen Verständnisses: Von der Ablehnung des Bankkredits zur bewussten Strategie, ohne Bank zu gründen, ist es kein Katzensprung.

Warum bekommen Gründer keinen Bankkredit?

Muss jeder, dem die Bank den Kredit verweigert, an sich selbst zweifeln? Oder geht die Kompetenz des Bankers oft gar nicht so weit, wie man ihm zutraut? Wie wichtig ist die Ablehnungsbegründung?

Zwischen Kompetenz und Impertinenz

Viele Gründer haben eine Bankallergie. Dennoch versuchen sie, mehr oder weniger ernsthaft, einen Bankkredit zu bekommen. Und dabei werden nahezu immer alle Vorurteile bestätigt. Die dümmsten Gründer gehen völlig unvorbereitet zur Filiale der Hausbank, weil sie nur ein unverbindliches Vorgespräch führen wollen. Das ist ähnlich erfolgreich, wie ungeduscht zum ersten Date zu gehen, weil man ja erst einmal nur reden will. Der erste Eindruck zählt und wird selten korrigiert – und zwar auf beiden Seiten!

Berater empfehlen, ein Konzept zu erarbeiten und es vorab an die Bank zu schicken. Das hat aber auch Nachteile. Sehr häufig kommt das Konzept mit einer Standardabsage und „mit Bedauern" nach einer Schamfrist zurück, ohne dass überhaupt ein persönlicher Kontakt mit dem Banker zustande gekommen ist. Das mindert zwar die Emotionen, befriedigt aber nicht wirklich. Vor allem bleibt der Grund für die Absage im Dunkeln. Manche Banker wagen sich ein Stück weiter vor und schreiben von „mangelnder Tragfähigkeit". Doch je konkreter die Absage, desto empörter der Gründer. Kein Dank also für klare Worte.

Allein das Kreditgespräch bietet folgende zwei Chancen: erstens, die Qualität des Bankers zu erkennen, und zweitens, etwas zu lernen. Das Auftreten von Bankern überzeugt selten. Gründer treffen ängstliche, kommunikationsgestörte, vorurteilsbeladene und methodisch inkompetente Kreditbanker, die zudem schlecht vorbereitet und unmotiviert sind. Das ist eher die Regel, nicht die Ausnahme. Das Gespräch mit einem solchen Gegenüber endet selten positiv und führt eher zu der Frage, was das Ganze wohl sollte.

Mit einem kompetenten, motivierten und gut vorbereiteten Kreditbanker läuft es gänzlich anders ab. Er hat keine Zeit zu verschenken und führt Kreditgespräche nur, wenn er Chancen für den Antrag sieht. Zwar hat auch er von der Gründerbranche an sich häufig wenig Ahnung, aber er testet den Gründer sehr geschickt persönlich. Seine Verhörtechnik hat er perfektioniert. Ein Sparring mit ihm bereichert, selbst wenn es mit einer Niederlage endet. Im positiven Fall gibt es weitere Gesprächsrunden – das sind genau die Fälle, in denen der Gründer euphorisch nach Hause geht. Doch wie der Kampf letztlich ausgehen mag: Die Enttäuschung beginnt mit Runde zwei und steigert sich bis zum Ende.

Warum? Nun, offensichtlich ist dieser Typ Bankmitarbeiter ungeeignet, das Kreditprocedere abzuwickeln. Er achtet nicht auf Details, ist überlastet, hat zu wenig Routine. Er ist ein guter Verkäufer und manchmal ein schlechter Vermittler. Ihn nennt man unter Bankern und in Stellenanzeigen „Markt". Doch häufig muss er sich die Zustimmung der „Marktfolge", sprich des Innendienstes, auch „Backoffice" genannt, holen. Das ist nicht so einfach, denn da sitzen vor allem Buchhaltertypen: penibel und misstrauisch, immer in der Angst vor der Innenrevision lebend, die ihnen Fehler nachweisen könnte. Daher schwingen die Innendienstler Kreditwesengesetz und Bankrichtlinien wie weiland die Chinesen ihre Mao-Bibel.

Der Gründer hat dennoch Chancen, wenn:

- der Marktmann faktisch Entscheider ist (häufig bei kleineren Krediten),
- der Marktmann schon lange in der Bank arbeitet – und daher Tricks und Kniffe kennt und zudem Beziehungen und Einfluss hat – oder
- Marktmann und Marktfolge auf einer Wellenlänge senden.

Kurzum: Zwischen dem ersten Kreditgespräch bis zur endgültigen Zusage oder gar Auszahlung des Kredits liegt ein weiter, oft skurriler Weg.

Hitliste der Ablehnungen

Nur das Kreditgespräch mit einem kompetenten Banker bietet ernsthaft die Chance, mehr darüber zu erfahren, warum ein Antrag nicht genehmigt wurde. Nach unserer Erfahrung sieht die Hitliste der Ablehnungen wie folgt aus:

1. Der Gründer hat zu wenige Sicherheiten/zu wenig Eigenkapital.
2. Die Finanzierung lohnt sich für den Banker nicht.
3. Die Branche ist unbeliebt.
4. Die Sünden aus der Vergangenheit des Gründers sprechen eindeutig dagegen.
5. Der Banker traut dem Gründer nicht.
6. Der Banker traut dem Gründer nichts zu.
7. Dem Banker ist das Geschäftsmodell zu kompliziert.
8. Dem Banker ist der Arbeitsaufwand zu hoch.

All diese Gründe sind gute Gründe. Doch die wenigsten eignen sich nun mal dazu, offen genannt zu werden. Stattdessen müssen Ersatzbegründungen oder Standardformeln herhalten.

Die stärksten Gründer

Was uns in diesem Zusammenhang am meisten stört, ist die Langmut der Gründer. Einmal in der Mühle drin, wagen sie wenig Widerstand und ertragen alle Schikanen bis zum positiven oder negativen Ende. Warum? Weil sie glauben, keine Alternative zu haben. Die stärksten Gründer sind jedoch nicht die, die von vornherein den Kontakt zur Bank scheuen. Stark ist es, von sich aus die Verhandlungen zu beenden und dem Banker die Gründe für die Ablehnung des Kreditwunsches selbst zu nennen. Kurz: Es ist schön, in jeder Phase selbst die Reißleine ziehen zu können. Der Lohn: köstlich verblüffte Gesichter.

Geht es wirklich ohne Bank?

Wenn wir von Gründen ohne Bank sprechen, meinen wir Gründen ohne Bankkredit; ein Geschäftsgirokonto braucht natürlich jeder. Als Kreditunabhängiger kann man sich jedoch das günstigste Angebot aussuchen. Wer am Tropf hängt, kann sich nicht bewegen. Nicht wenige

Gründer zahlen über viele Jahre maßlos überteuerte Kontogebühren, weil sie dafür kleinste Kreditrahmen von 2.000 bis 5.000 Euro eingeräumt bekommen – realistisch umgerechnet dann mit einem Zins von 15 bis 18 Prozent!

Tipp
Zur Auswahl der Bank

Jeder, der mit Krediten in späteren Phasen seiner Selbständigkeit liebäugelt, sollte von Anbeginn bei einer Volksbank oder Sparkasse andocken. Er kann sich dadurch eine positive Legende verschaffen (Banker prüfen bei Kreditanträgen gerne die Girokontobewegungen des letzten Jahres). Eine Bank wegen eines Bankers oder einer Bankerin zu wählen ist dagegen unsinnig. Mittlerweile haben solche Beziehungen eine deutlich kürzere Verfallszeit als Ehen. Allein bei einer großen hessischen Sparkasse wechselten binnen dreier Jahre 26 unserer 30 Ansprechpartner.

Machen Sie sich klar, dass Gründen ohne Bankkredit auch heißt, dass Sie ohne die staatliche Förderbank KfW und ohne die Bürgschaftsbank zurechtkommen müssen. Denn beide arbeiten nur in Verbindung mit einer herkömmlichen Bank.

Beispiel: „Einen Bankkredit brauche ich eigentlich nicht", verkündet der arbeitslose Ex-Opelaner stolz. „Ich hab ja noch 10.000 Euro Dispositionslinie bei meiner Sparkasse. Und wenn die mir die Linie auf 15.000 Euro erhöhen, bin ich auf der sicheren Seite." Sprach's und marschierte leichten Herzens zu seiner Filiale, um dort die frohe Kunde seiner Gründung zu überbringen und auf kurzem Weg die Linie zu erhöhen.

30 Minuten später verlässt er die Bank. Seine Kreditlinie wurde auf 5.000 Euro gesenkt. „Eigentlich hätte ich Sie auf null fahren müssen, denn Sie haben ja jetzt keine festen Einkünfte mehr", hat ihm sein netter Filialleiter mitgeteilt.

2. Kapitalverzehr bei Gründungen: die Geldfresser

Wohin fließt das schöne Geld, das wir für unsere Gründung mühsam zusammengetragen haben? Wichtig ist, keines der zahlreichen Sickerlöcher zu übersehen, in die es rinnt. Manche sind sehr gut getarnt. Doch wer erkennt, wie er den Geldverlust frühzeitig bremsen kann, dem winkt der Mühe Lohn: eine erfolgreiche Gründung!

Ähnlich wie Verbrecher und Eltern bei Kriminalität und Kindererziehung schwelgen etliche Marktteilnehmer auch heute noch in Illusionen, wenn es um Gründungen geht. Sie machen folgende Rechnung auf: Investitionen + Warenlager = Kapitalbedarf. Hinzu kommt noch ein kleiner Dispositionskredit für die ersten Monate. Früher sorgten tatsächlich gewaltige Investitionen und Warenlager dafür, dass Gründungen nur mit einem dickeren Geldbeutel möglich waren. Doch mit der Entfaltung der Dienstleistungsgesellschaft und der Digitalisierung von Kommunikation und Produktion werden in vielen Branchen immer weniger Investitionen nötig. Durch schnellere Logistik und Just-in-time-Lieferungen schrumpfen die Warenlager. In der Folge sinkt auch der Kapitalbedarf. Das wiederum führt zu Missverständnissen und Fehleinschätzungen.

Sie wissen ja, es lohnt sich immer, einen zweiten Blick zu riskieren. In unserem Fall einen Blick auf das, was den Kapitalbedarf heutzutage steigert. Wir brauchen allerdings scharfe Augen, um die folgenden Faktoren gut sehen zu können:

- Es dauert deutlich länger, bis der Gründer in den Markt kommt.
- Es dauert deutlich länger, bis er seine Kosten decken kann.
- Es dauert deutlich länger, bis er seinen privaten Lebensbedarf decken kann.
- Es besteht eine deutlich geringere Bereitschaft, sich persönlich einzuschränken.
- Die Zahlungsmoral bei den Kunden ist gesunken.

All das verursacht einen deutlich höheren Bedarf an Betriebsmitteln, bedeutet also mehr Vorfinanzierung bei den laufenden Kosten. Kosten müssen so lange vorfinanziert werden, bis Sie genug Umsatz machen, um sie zu decken. Und sofort danach kommen schnurstracks die privaten Lebenshaltungskosten. Gründer bluten also aus vier Wunden:

- Investitionen
- Warenlager
- Die bösen Kosten
- Die privaten „Kosten"

Unser Ziel, eine Gründung ohne Bankkredit, können wir nur erreichen, wenn wir diese vier Faktoren so gering wie möglich halten. Also frisch und rücksichtslos ans Werk.

So halten Sie Ihre Investitionen klein

Eines sollte von vornherein klar sein: Investitionsintensive Branchen eignen sich für eine Gründung ohne Bankkredit einfach nicht. Daher setzen wir voraus, dass Sie Ihr Unternehmen in einer Branche gründen wollen, in der weniger Kapital eingebracht werden muss. Das gilt häufig im Bereich der Dienstleistungen. Hohe Investitionen werden stets durch Gebäude und Maschinen verursacht. Wer hier eine sehr umfangreiche Ausstattung braucht, der wird es ohne einen Bankkredit nicht schaffen.

Wer zum Beispiel Zähne fräsen will, der braucht eine ganz bestimmte Maschine, deren Preis sich im sechsstelligen Euro-Bereich bewegt. Und wer ein Spieleparadies eröffnen will, der braucht eine große, sehr spezifisch ausgestattete Halle als Räumlichkeit. Das treibt dann unwillkürlich in die Bankfinanzierung.

Den anderen Gründern sei gesagt: Gerade am Anfang lassen sich durch kluge Grundsatzentscheidungen viele Euro sparen. Mit diesen Reserven ausgestattet, lässt sich der weitere Weg viel stressloser bewältigen. Prüfen Sie in den folgenden Bereichen, ob für Sie die Devise „mieten statt kaufen" gilt.

Räumlichkeiten

Das beginnt schon gleich einmal bei der Immobilie. Die meisten Gründer müssen ihre Geschäftsräume mieten, weil sie das notwendige Eigenkapital für den Kauf nicht haben (mindestens 20 Prozent des Kaufpreises). Mieten kann man heute sehr günstig, vor allem, wenn ein Unternehmen nicht extrem lage- oder zustandsabhängig ist. Der Nachteil, der damit einhergeht: Unsicherheit. Gerade besonders günstige Liegenschaften werden meistens „unbefristet" vermietet. Das klingt zwar gut, heißt aber in Wirklichkeit: Der Mietvertrag ist jederzeit kurzfristig kündbar. Das hält zwar auch den Gründer flexibel, ist jedoch meistens kontraproduktiv.

Schnelle Kündigung nach Verkauf

- Auf dem Gelände einer ehemaligen Großdruckerei siedeln zu günstigen Konditionen 17 Kleinunternehmer, die den erbärmlichen Zustand in Kauf nehmen. Der Eigentümer beschließt, das Gelände zu verkaufen, ein Einkaufszentrum soll dort entstehen. Schlecht für die meisten der 17 Mieter, die jetzt ihre Kündigung bekommen:
- Der Fahrradhändler hat Kundenströme an den Standort gelockt, die er nun aufwendig umleiten muss.
- Der Lackierer hat einen teuren Umzug vor sich.
- Der Metallbauer hat viel Geld ins Gebäude investiert, was bei Mieträumen besonders gefährlich ist.

Fast alle dieser 17 Gründer werden mindestens einen hohen logistischen und zeitlichen Aufwand haben, bis ein neuer Standort samt Material, Kunden und Personal wieder reibungslos funktioniert. Das bedeutet stets Umsatzverlust, von der zerstörten Infrastruktur der Mieter miteinander ganz zu schweigen. Wer sich mehr zutraut und weniger Angst hat, sollte auf Anmietungen verzichten, die ihm nicht mindestens fünf Jahre Sicherheit geben – oder sich nur provisorisch einrichten.

Geräte, Maschinen, Pkw

Mieten statt kaufen gilt auch für alle anderen größeren Investitionen. Leider führt das, realistisch betrachtet, meistens ins Leasing, eine oft allzu teure, aber eben weit einfacher realisierbare Finanzierung als der Bankkredit. Die Kapitalersparnis ist hierbei nur sehr kurzfristig gegeben, denn es fallen deutlich höhere monatliche Fixkosten an.

Wir empfehlen als Alternative die Kooperation mit anderen. Geräte werden gemeinsam angeschafft und genutzt. Das setzt allerdings voraus, dass Sie keine Inselgründung betreiben, sondern geografisch vernetzt sind. Das muss nicht in Form eines Gründerzentrums geschehen, wohl aber innerhalb einer Ansammlung von Gleichgesinnten. Beispiele: Ärzte investieren in ein gemeinsames Labor, oder eine Bürogemeinschaft nutzt den Server gemeinsam. Wozu wir auch raten: Kaufen Sie Gebrauchtes. Die Märkte sind geradezu überfüllt.

Beispiel

Gebrauchte Sportgeräte

Ein Sportstudio-Gerätepark, der einmal 240.000 Euro gekostet hat, ist nach fünf Jahren für 60.000 Euro und nach zehn Jahren für 10.000 Euro auf dem Markt zu haben. Die Käufer peppen die Einzelteile optisch auf und zaubern daraus mit viel Energie und Einsatz ein ansprechendes Sportstudio.

Jegliches Verständnis fehlt uns für Gründer, die mit teuren Pkws in ihr Unternehmerdasein starten. Kaum einer braucht ein großes Auto wegen der Kunden, auch wenn das oft behauptet wird. Bei Licht betrachtet wird damit nur ein schwaches Ego aufgewertet.

Beispiel: Das Sportstudio-Gründerpärchen hatte zu wenig Kapital. Aber nachdem er ein Mercedes Cabrio geleast hatte, gelüstete es seine Partnerin nach einem Audi A4. Das fiel dem Vermieter wohl auf, denn als die Gründer mit der Miete säumig wurden und über schlechte Umsätze jammerten, sagte er prompt: „Aber für teure Autos haben Sie Geld."

Gebrauchtgüter kaufen

Wer gebrauchte Güter finden und kaufen will, muss einige Voraussetzungen mitbringen:

- Ausreichend Zeit für die Suche
- Fähigkeit, die Qualität der Güter zu beurteilen
- Technische und organisatorische Kompetenz für Demontage, Aufarbeitung und Transport
- Zahlungsfähigkeit: Gebrauchtes gibt's oft nur gegen Cash

Gebrauchtgeräte leasen

Leider ist es bisher noch wenig verbreitet, dass auch Gebrauchtgeräte geleast werden können. Damit umgehen Sie zum einen den hohen Neupreis, zum anderen ist die Finanzierung in den meisten Fällen relativ einfach. Alles in allem fallen die Fixkosten deutlich niedriger aus als beim Neugeräte-Leasing.

Kauf eines Betriebs

Der Kauf vor allem von unprofitablen Betrieben ist meistens deutlich günstiger, als selbst ein Unternehmen neu aufzubauen. Sie erhalten in solchen Fällen den Substanzwert mit erheblichen Abschlägen, allerdings muss meistens sofort gezahlt werden. Wer dann all die Maschinen und Waren, die er nicht braucht, schnell vermarkten kann, startet mit günstigen Konditionen. Die Chance, für kleines Geld einen gutgehenden Betrieb zu kaufen und einfach weiterzuführen, ist dagegen eher gering. Das kommt fast nur vor, wenn der Alteigentümer in einem sehr engen Markt agiert und sich bei der Vermarktung sehr ungeschickt anstellt oder unter erheblichem Zeitdruck steht. Das ist bei Schicksalsschlägen immer der Fall: Alteigentümer sterben häufiger, als man denkt, in ihrem Betrieb. Und dann muss alles ganz schnell gehen. Unter solchen Umständen könnte die Teilzahlungsvariante infrage kommen. Der Gründer hat damit alle Chancen der Welt, den Kaufpreis nach und nach zu bezahlen und erst einmal seine Geschäfte zum Laufen zu bringen. Denn die Erben haben keine Handlungsalternative und keine Zeit. Die Voraussetzungen, dass diese Form der Gründung zustande kommen kann: sehr gute Informationskanäle und viel Glück.

Achten Sie auf einen sinnvollen Wareneinkauf

Nicht bei jeder Gründung ist ein Warenlager notwendig. Albern jedoch zu glauben, man käme im Handel oder in der Fertigung gänzlich ohne aus. Konzentrieren wir unsere Betrachtung auf den Handel, da hier das Warenlager meistens die größte Bedeutung hat. Natürlich lässt sich da einiges optimieren, aber ein Laden mit zu wenig Ware liefert meistens auch weniger Kaufanreiz.

Beispiele: Unter 30.000 Euro Buchbestand geht's wohl kaum, und das, obwohl gerade der Buchhandel durch seine Grossisten über ein äußerst schnelles Belieferungssystem verfügt. Die Waren erreichen meist innerhalb von zwölf bis 24 Stunden den Zielort, schneller sind nur Apotheken und Drogisten. Klar ist, dass nur die Bücher den Spontankäufer reizen, die griffbereit im Laden liegen. Doch wie lässt sich das mit knappem Geld finanzieren? Buchhändler haben da vorbildlich viele Möglichkeiten. So gewähren die Verlage lange Zahlungsziele, die meisten Bücher sind also bereits verkauft, bis die Rechnung fällig wird. Und die Fehleinkäufe? Dafür gibt es großzügige Rückgaberechte.

Zudem ordert die Buchhandlung im August üppig viele Kunst- und Fotokalender und verkauft sie bis Januar. Erst dann muss sie die Rechnung zahlen oder die übriggebliebenen Kalender zurückgeben. So wird das scheinbar risikoreiche Geschäft mit den Kalendern zu einem echten Liquiditätsbringer.

Eine Ausnahmebranche? Ja und nein. Auch unser Metzger prahlt gerne damit, er verkaufe das Fleisch schneller, als er zahlen müsse (so viel zum Thema „abgehangen" …). Lieferantenkredite sind also der Schlüssel für liquiditätsschonenden Einkauf. Sie sind heutzutage meistens dann durchsetzbar, wenn Grundvertrauen in die Solvenz des Käufers besteht. Bei Gründern ist das erfahrungsgemäß immer ein bisschen schwieriger.

Rückgaberechte dagegen scheuen die meisten Lieferanten wie der Teufel das Weihwasser. Was bleibt als sinnvolle Alternative hierzu? Der Rückgriff auf schwächere Lieferanten und auf Newcomer. Denn sie wollen und können nur mit sehr großzügigen Lieferbedingungen ins Geschäft kommen.

Beispiel: Ernst Hacker, der Begründer der „Theorie des Überwirts" (siehe Hans Emge: Wie werde ich Unternehmer? Wuppertal 2008), verdiente in den 1970er Jahren sein erstes Geld mit der Herstellung von Fußballer-Schirmmützen mit Vereinslogo. Doch sein Direktvertrieb über Kioske am deutschen Rhein löste nur die Reaktion aus: „Lass sie halt mal hier, aber Geld gibt's erst, wenn sie verkauft sind." Das nennt man Kommissionskauf. Die Kappen schlugen ein wie eine Bombe, doch die Händler blieben bei ihrem Prinzip und bezahlten immer die vorangegangene Lieferung: glücklicherweise meistens bar.

Vier Schneiderinnen, die eine eigene Modemarke schaffen wollen, können ihre Kleidungsstücke ebenfalls nur in den Boutiquen unterbringen, wenn sie sie auf Kommission dort lassen. Was für die Boutiquegründerin gut ist, belastet dann natürlich die Schneiderinnen erheblich. 20 Boutiquen mit 20 Teilen zu beliefern heißt, 400 Teile vorzufinanzieren, bis sie irgendwann verkauft und noch später bezahlt werden.

Nehmen wir die typische Kommissionsbranche Secondhand-Läden. Das Erfassen und Abrechnen, Einräumen und Herrichten sowie die Kontrolle und Rückgabe der unverkauften Waren sorgt für arg viel Arbeit. Kommissionskauf ist also mit großem Arbeitsaufwand verbunden.

Auch Handwerksbetriebe sind auf ein gut sortiertes Materiallager angewiesen, denn die Einzelteilbeschaffung ist zeitaufwendig. Zudem wird dabei jeder Orderfehler gnadenlos bestraft, weil dann das erforderliche Material fehlt. Wer einmal einen Handwerker mit gut bestücktem und gepflegtem Werkstattwagen im Einsatz erlebt hat, der weiß, dass dies zwingende Voraussetzung für produktives Arbeiten ist. Der kapitalschwache Gründer muss daher mit Nachteilen kämpfen, die er nur durch viel Erfahrung oder erheblich mehr Zeitaufwand ausgleichen kann.

Betriebswirte raten Unternehmern gerne dazu, die Lagerbestände zu optimieren und auf diese Weise die Umschlagsgeschwindigkeit zu erhöhen. Beispiel: Stellen Sie sich vor, Sie kaufen für 100 Euro Fleisch und verkaufen es bis zum Abend komplett. Dann können Sie bei 300 Öffnungstagen im Jahr mit 100 Euro Kapitaleinsatz täglich 30.000 Euro Wareneinsatz bewirken. Denn: Sie können mit den 100 Euro jeden Tag aufs Neue Fleisch einkaufen, und das 300-mal im Jahr.

Aber: Die Umschlagsgeschwindigkeit ist weitgehend von der Branche abhängig und nur bedingt vom eigenen Handeln. Für Gründer ohne Bankkredit sind also Branchen mit höherer Umschlagsgeschwindigkeit vorteilhafter. Verkaufen ist jedoch nur die eine Seite. Wichtiger ist es, das Geld vom Kunden schnell zu kassieren. Bargeschäfte, wie im Einzelhandel und in der Gastronomie üblich, sind da natürlich optimal. Noch besser funktioniert es, wenn Sie Anzahlungen fordern können. Doch welcher Kunde zahlt, bevor er die Ware hat?

Durch eBay sind Anzahlungen wieder marktfähig geworden, das Internet lässt Zahlungsweisen aus alten Zeiten wieder zu. Noch viel schöner haben es die Reiseveranstalter: Wer heute eine Kreuzfahrt bucht, muss 20 Prozent anzahlen; das Geld kann der Veranstalter bis zum Reiseantritt auf seinem Konto bunkern. Das ist übrigens legal. Die größte deutsche Geldtransportfirma HEROS hingegen hat das illegale Zwischenparken von Kundengeldern praktiziert. Und zwar im Jahr 2007. Das Ergebnis: Pleite!

Eine üppige Zahlungsfrist nutzen auch Versteigerer. Einer unserer Kunden ließ seine Maschinenfabrik versteigern und wartete dann sechs Wochen auf sein Geld, bis der Versteigerer die Abrechnung fertiggestellt hatte …

Liquiditätsschonender Wareneinkauf ist also häufig kein Problem. Allerdings sind hier die Warmstarter deutlich im Vorteil, denn sie haben schon Kontakte geknüpft und den Markt sondiert (siehe Seite 68f). Beachten Sie als frischer Gründer die Spielregeln und bauen Sie zunächst vertrauensvolle Beziehungen auf, um die Voraussetzung für gute Geschäfte zu schaffen. Und finden Sie möglichst schnell heraus, was Ihre Kunden mögen, damit Sie auch die Waren kaufen, die Sie wirklich brauchen.

Wie Bürgschaften wirken

Sehr eng wird es für den Gründer ohne Bankkredit, wenn er bei seinen Lieferanten Sicherheiten leisten muss. Die üblichste, aber auch harmloseste Form ist die Mietkaution. Dennoch bindet sie finanzielle Mittel oder erfordert eine Bankgarantie. Weit bedeutsamer sind solche Garantien, die die Kunden fordern, um Gewährleistungsansprüche abzudecken – üblich mittlerweile im Bauhandwerk. Das setzt bei Kapitalschwäche Grenzen, was die bewältigbaren Auftragsgrößen angeht.

Reiseagenturen sind gesetzlich verpflichtet, eine Insolvenzversicherung abzuschließen, weil sie mit Fremdgeldern hantieren. Die Sicherungsscheine, die sie ihren Kunden geben, kommen zwar von der Versicherung, aber die will sich ja auch absichern. Prompt droht wieder die Bankbürgschaft.

Schließlich gibt es noch Branchen, in denen Gründer ihre finanzielle Leistungsfähigkeit nachweisen müssen.

Gründungen, in denen der Nachweis gefordert wird

- Im Speditionswesen muss je nach Zahl der Lkws Eigenkapital nachgewiesen werden.
- Wer im Baugewerbe einen Auftrag von öffentlichen Bauherren oder Großbetrieben ergattern will, muss eine Gewährleistungsbürgschaft erbringen.
- Wer importiert, schafft das kaum ohne eine Zahlungsgewähr (Akkreditiv).

All diese Vorgaben binden Eigenkapital oder zwingen dazu, Bankbürgschaften zu verhandeln.

Unterscheiden Sie zwischen bösen und guten Kosten

Am erfolgreichsten sind Gründer, die erkannt haben, dass es zwischen den einzelnen Kosten gewaltige Unterschiede gibt – auch wenn sie alle bezahlt werden müssen. Denn dann ergeben sich wunderbare Möglichkeiten, das eigene Risiko zu reduzieren. So wie es im Blut gutes und böses Cholesterin geben soll, gibt es im Unternehmen gute und böse Kosten. Die guten sind die variablen Kosten. Denn: Je mehr Sie für Waren, Rohstoffe oder umsatzabhängiges Personal ausgeben müssen, zum Beispiel für Bedienungen und Zeitarbeiter, desto besser ist im Regelfall der Absatz.

Beispiel: Wenn der Saftladen mehr Orangen kaufen muss, dann deshalb, weil der Absatz und damit der Umsatz gestiegen ist.

Bei den bösen, den fixen Kosten ist das anders. Mit gnadenloser Konstanz wollen jeden Monat die Miete, der Festangestellte, der Zins und die Versicherung bezahlt werden. Wie eine Schlinge legen sich diese fixen Kosten um den Hals des Gründers – und schnüren ihm langsam die Luft ab. Fixe Kosten sind die wichtigste Ursache dafür, dass Gründungen in den frühen Stadien scheitern.

Eine solide Finanzplanung sorgt dafür, dass diese festen Kosten so lange vorfinanziert werden, bis sie vollständig gedeckt werden können, also bis der Break-even erreicht ist und das Unternehmen an der Gewinnschwelle steht. Bei einer risikoreduzierten Gründung – die eine Gründung ohne Bankkredit immer sein muss – sind die finanziellen Mittel zur Vorfinanzierung jedoch äußerst begrenzt. Also müssen die fixen Kosten so niedrig wie möglich gehalten werden. Bei der Berechnung fließt auch der Deckungsbeitrag ein, das ist der Betrag, der nach Abzug von Material- und anderen variablen Kosten übrig bleibt. Dieser sollte so hoch wie möglich ausfallen.

Beispiel: Break-even-Berechnung für den Saftladen
Fixe Kosten: 4.000 Euro/Monat
Deckungsbeitrag: 2 Euro/Glas

$$\frac{\text{Break-even-Point} = \text{fixe Kosten} = 4.000\ \text{Euro}}{\text{Deckungsbeitrag} = 2\ \text{Euro}} = 2.000\ \text{Glas/Monat}$$

Wir senken die fixen Kosten um 1.000 Euro.
Fixe Kosten: 3.000 Euro/Monat
Deckungsbeitrag: 2 Euro/Glas

$$\frac{\text{Break-even-Point} = \text{fixe Kosten} = 3.000\ \text{Euro}}{\text{Deckungsbeitrag} = 2\ \text{Euro}} = 1.500\ \text{Glas/Monat}$$

Da sich 1.500 Glas Saft deutlich schneller verkaufen lassen als 2.000 Glas, ist die Zeit bis zum Break-even kürzer und damit die Summe, die vorfinanziert werden muss, geringer. Deutlich geringer!

	1. Monat	2. Monat	3. Monat	4. Monat	5. Monat	6. Monat	Finanz-mittel 6 Monate
Absatz (Gläser)	800	1.000	1.400	1.600	1.800	2.000	
Deckungsbeitrag (in Euro)	1.600	2.000	2.800	3.200	3.600	4.000	
A Ungedeckte fixe Kosten bei 4.000 Euro (in Euro)	2.400	2.000	1.200	800	400	0	Summe: 6.800
B Ungedeckte fixe Kosten bei 3.000 Euro (in Euro)	1.400	1.000	200	−200	−600	−1.000	Summe: 800

Während der Saftladen-Gründer in Fall A für die ersten sechs Monate 6.800 Euro vorfinanzieren muss, reduziert sich die Summe in Fall B auf 800 Euro. Phänomenal! Die maximale Finanzierungssumme im zweiten Fall ist nach sechs Monaten mit 2.600 Euro erreicht. Schon ab dem vierten Monat fließt hier das Geld zurück oder kann bereits für die Lebenshaltung verwendet werden.

Das Beispiel ist gar nicht so willkürlich gewählt. Abhängig von den Geschäftskontakten des Gründers, von der Branche und natürlich von den Zahlungsgewohnheiten der Kunden können im Regelfall sechs bis zwölf Monate Geldbedarf für fixe Kosten angenommen werden. Im Extremfall verlängert sich diese Zeit auf bis zu 36 Monate. Das gilt meist für Gründungen mit hohem Entwicklungspotenzial. Gerade bei Marktinnovationen dauert es nämlich viel länger, bis die skeptischen Kunden kaufen. Gleichzeitig besteht fortwährend der Druck zur Weiterentwicklung. Das lässt jahrelang den Angstschweiß rinnen. Bis plötzlich, ganz plötzlich, die Kunden strömen. Aber wie lassen sich die bösen Fixkosten denn nun senken?

Miete

Sie könnten kleinere Räume anmieten, was jedoch sowohl die spätere Expansion als auch direkt den Umsatz beeinflussen kann, wenn die Kunden das nicht akzeptieren.

Beispiel: Drei junge Rapper halten sich für besonders schlau und eröffnen in Frankfurt einen Laden mit einer Verkaufsfläche von 16 Quadratmetern. Von Beginn an stopfen sie ihn mit vielen verschiedenen Waren voll, das Angebot reicht von Kleidung über Musik-CDs bis hin zu Schuhen. Präsentation ist da natürlich nicht mehr drin. Und so sieht der Laden ganz schnell aus wie ein Warenlager. Doch nur wenige Menschen mögen in einem solchen Geschäft kaufen. So was funktioniert bestenfalls in Hongkong und stopft in Deutschland sicher nicht drei hungrige Mäuler.

Schlauer ist es schon, sich Büroräume zu teilen.

Beispiel: Unsere engagierten Schneiderinnen ziehen aus ihrem zu teuren Atelier in eine Bürogemeinschaft: 90 Quadratmeter für vier Freiberufler bedeutet für jeden 200 Euro Miete im Monat inklusive Nebenkosten. Und dafür gibt es sogar neben den vier Zimmern noch einen gemeinsamen Meeting-Raum!

Manchmal erfüllen Gründerzentren die gleiche Funktion, jedoch nur dann, wenn sie hoch subventioniert werden. Im Rhein-Main-Gebiet ist das Schicksal der meisten Gründerzentren jedoch derzeit eher Leerstand, weil die Mieten höher sind, als der Markt akzeptiert. Politikerträume und Prestigeobjekte scheitern eben oft an den ökonomischen Realitäten.

Günstiger sind die Bedingungen für Gründer, die kaum Publikumsverkehr haben. Sie zahlen deutlich weniger, weil sie eine Lage wählen können, in der die Vermieter Zugeständnisse machen müssen. Diese Flexibilität erhöht die Chancen auf eine günstige Miete deutlich. Auch ein nicht so guter Zustand der Räume hilft beim Sparen. Das ist aber ebenfalls nur akzeptabel, wenn keine Kunden kommen. Allerdings mindert es die eigene Lebensfreude, wenn es in den Arbeitsräumen kalt und zugig ist.

Beispiel: Drei Wiesbadener Designer mieteten 300 Quadratmeter unbeheizbare Fabrikhalle, um dort Lampen zu produzieren. Am Anfang wärmte das Gründerfeuer. Als es erlosch, stieg zuerst die Frau mit einer Lungenentzündung aus.

Mit dem Vermieter eine möglichst niedrige Miete zu vereinbaren, ist natürlich die beste aller Lösungen – allerdings auch die schwierigste. Selbst in Zeiten des Leerstands haben Vermieter zwei Grundsätze:

- Lieber keine Gründer. Wer weiß, wie lange die die Miete zahlen können.
- Ich mach's doch nicht für weniger als beim letzten Mal!

Realitätsverlust auf der Vermieterseite und mangelnde Erfahrung auf der Gründerseite führen dazu, dass meistens zu hohe Mieten akzeptiert werden. Notfalls können sich diese Vermieter auch langen Leerstand leisten.

Beispiel: Die beiden Gründer Sven und Tanja wollten unbedingt ihr eigenes Sportstudio. Dazu übernahmen sie ein bestehendes Studio, das in 800 Quadratmeter großen Kellerräumen sein Geschäft betrieb. Sie akzeptierten die Miete von vier Euro pro Quadratmeter und hielten immerhin fünf Jahre lang dem permanenten Kostendruck stand. Dann gaben sie auf. Verdient haben sie in der Zeit fast nichts, wohl aber einige Erkenntnisse gewonnen: Vier Euro für Kellerräume sind zu teuer, denn Räume ohne natürliches Licht werden von den Kunden heutzutage kaum noch akzeptiert.

Gute Chancen haben Gründer stets, wenn der Vermieter eine persönliche Zuneigung zu ihnen entwickelt, warum auch immer. Allerdings gibt's da Grenzen.

Aus der Praxis

Zu enge Kontakte

- Ein Freund von uns verkauft seit vielen Jahren gebrauchte Fernsehgeräte. Kaum zu glauben, aber wahr: mit großem Erfolg. Er hat eine sehr günstige Miete. Und jeden Tag zwei Stunden lang seinen Vermieter zum Schwätzen zu Gast.
- Zwei Gründerinnen suchten in der Frankfurter Innenstadt sehr intensiv und erlebten dabei sehr viel. Eine Hausbesitzerin wollte ihnen sogar das Sortiment vorschreiben.

Gründen von zu Hause aus

Die Vorteile klingen bestechend: keine zusätzliche Miete, geringer logistischer Aufwand, geringe Investitionen in die Räumlichkeiten. Daher ist dies eine häufig gewählte Variante. Wir sehen sie eher skeptisch. Warum?

Die meisten wohnen nicht am richtigen Ort und auch nicht in Räumlichkeiten, die für eine erfolgreiche Gründung geeignet sind. Schlecht ist das vor allem bei Kundenverkehr, der immer unter dem Improvisationsimage leidet: kaum zu finden, Hemmschwelle für den Kunden durch allzu private Atmosphäre, Räume zu eng. Kurz: Das Ganze wirkt ganz schnell unprofessionell. Springen dann noch Kind und Hund durchs Gelände, so sinken die realisierbaren Preise des Friseurstübchens auf Schwarzarbeiterinnenniveau.

Aber auch bei reinem Warentransport ohne Kundenverkehr, zum Beispiel bei einem eBay-Shop, ist die heimische Wohnung nicht die beste Lösung. Jede Treppenstufe wird zur Belastung, und jeder Quadratmeter Fläche muss genutzt werden. Belastet der Gründer hingegen die Hausgemeinschaft mit Krach, Gestank oder viel Kundenverkehr im Treppenhaus, wird es sowieso schnell Ärger geben. Vielleicht mehr als wegen der Hostessen-Wohnung. Produzierende Gewerbe scheiden aus den genannten Gründen ebenfalls häufig aus. Und auch die Musikschule im Wohnblock ist äußerst unbeliebt.

Beim Arbeiten zu Hause ebenfalls nicht zu unterschätzen ist die berühmte Kühlschrankfalle: Die Mischung aus geschäftlich und privat birgt das Risiko, dass der Gründer permanent abgelenkt wird, und wenig Chancen auf konzentriertes Arbeiten. Wie bringt man Mitbewohner und Haustiere zum Schweigen? Wie schließt man Privatbesuche aus? Und wie lässt es sich verhindern, dass Kühlschrank und Hausarbeit mehr Anziehungskraft als die Arbeit entwickeln?

Und es gibt noch einen dritten Faktor, der das Arbeiten im eigenen Heim erschweren kann. Kaum zu glauben, aber wahr – viele Home-Office-Gründer sind einsam. Im günstigsten Fall haben sie einen Partner, den sie am Abend vollquatschen können. Ansonsten wird es teurer. Das wird zum Beispiel in der Frankfurter Szenekneipe „Größenwahn" deutlich: Ab 20:00 Uhr füllt sie sich mit Freiberuflern und Heimarbeitern. Viele kommen aus Einsamkeit nach einem langen Tag allein in der eigenen Wohnung!

Fazit: Nur selten ist es der Fall, dass sowohl Branche und bauliche Bedingungen als auch die Eigenschaften des Gründers für eine erfolgreiche Gründung mit Home-Office sprechen. Beim übergroßen Rest stellt dies eine Notlösung dar, die gefährlich oft in einer Kümmerexistenz endet. Bedenken Sie dies, wenn Sie über eine Gründung mit wenig Kapital nachdenken.

Nebenkosten

Neben der Miete sollten gerade bei den heutigen Energie- und Versorgungspreisen die Nebenkosten beachtet werden. Sie lassen sich von Vermieterseite am leichtesten tarnen, daher ist eine Kontaktaufnahme zum Vormieter immer sinnvoll. Vielleicht bringt der Gebäude-Energieausweis wenigstens bei den Heizkosten mehr Transparenz.

Beispiel: Unsere beiden idealistischen Studiokäufer Tanja und Sven haben auch in dieser Hinsicht Lehrgeld gezahlt. Die Nebenkosten waren gut doppelt so hoch, wie es die Vorauszahlungen vermuten ließen. Uralte Gasboiler und hohe Stromkosten, weil kein Tageslicht in die Räume gelangte und alle Lampen brennen mussten, sorgten dafür, dass diese sogenannte zweite Miete noch einmal fast 70 Prozent der Grundmiete ausmachte. Natürlich hätten die beiden Gründer günstigere Boiler und Energiesparlampen einbauen können. Aber dafür fehlte ihnen jegliche finanzielle Reserve.

Daher gilt: Lassen Sie ungeniert den Energieverbrauch des Gebäudes von einem Fachmann beurteilen oder fragen Sie den Vormieter. Und: Verlangen Sie bei schlechten Werten entsprechende Abschläge auf die Miete.

Personal

Festangestellte Mitarbeiter verursachen erhebliche Fixkosten. Schlimmer noch: Führen Sie als Gründer die Sozialversicherungsbeiträge der Arbeitnehmer nicht rechtzeitig an die Krankenkasse ab, droht schnell der Konkursantrag. Schneller als bei allen anderen Gläubigern. Und sogar strafrechtliche Konsequenzen sind gar nicht so selten, denn es handelt sich hier um Fremdgelder. Diese nicht abzuführen wird von deutschen Gerichten häufig als Betrug mit Bewährungsstrafen verurteilt. Realistisch gesehen kann sich daher ein Gründer, der sein Risiko reduzieren will, zu Beginn keine Festangestellten leisten. Vom Risiko des Fehlgriffs ganz zu schweigen.

Aber ohne Hilfe geht's meistens ebenso wenig. Wohl dem, der da eine willige Familie oder hilfreiche Freunde hat. Deutsche haben das jedoch schon lange nicht mehr, Italiener selten, Marokkaner und Thailänder noch häufig.

Wer die Unterstützung nicht kostenlos bekommt, muss zahlen. Möglichst wenig natürlich, aber vor allem flexibel. Aus fixen Kosten variable Kosten zu machen, das ist das Hauptziel. Beispiel: Eine Serviererin bekommt zehn Prozent vom erarbeiteten Umsatz. Aber auch mit flexiblen Teilzeitmitarbeitern, zum Beispiel 400-Euro-Kräften, nähern Sie sich diesem Ziel deutlich an.

Doch wie flexibel sind unsere Arbeitskräfte? Man erlebt da Überraschungen. Ähnlich wie Vermieter mögen auch viele Beschäftigte keine Geschäftsbeziehung mit Gründern. Sie wählen lieber doch den Großbetrieb oder den öffentlichen Dienst mit seiner Rundum-Absicherung als Arbeitsplatz. Kein Vorwurf, Angestellte sind keine Unternehmer und wollen daher mit Recht weniger Risiko. Zudem sinkt Flexibilität mit dem Alter – und vor allem mit dem Wohlstand.

Das wichtigste Auswahlkriterium, das Sie bei der Personalauswahl am Anfang beachten sollten, bringt ein amerikanischer Satz auf den Punkt: „Are you a giver or are you a taker?" Bist du ein Geber oder bis du ein Nehmer? Gründer sollten ausschließlich Geber suchen. Die glauben an das Unternehmen und an die Chance, später zu nehmen.

Manche Gründer versuchen, Personalprobleme durch den Einsatz von Leiharbeitskräften zu vermeiden. Nach unseren Erfahrungen eine Illusion, die meistens schon an den Stundensätzen scheitert. Und die höhere Arbeitsqualität sehen wir im Regelfall auch nicht.

Versicherungen

An dieser Stelle geht es nur um die betrieblichen Versicherungen, da alle persönlichen Versicherungen der privaten Lebensführung zuzuordnen sind. Versuchen Sie aber, die Kosten für beide Bereiche möglichst gering zu halten. Erster Grundsatz ist: so wenig versichern wie möglich und nur das versichern, was existenzielle Risiken bedeutet. In den meisten Fällen ist also eine Betriebshaftpflicht unumgänglich. Nehmen Sie sich jedoch Folgendes zu Herzen: Allzu große Angst treibt nicht nur die Versicherungssummen in die Höhe, sondern ist auch ein sicheres Indiz für mangelnde Unternehmereigenschaften.

Verwaltung

Effiziente Verwaltung bedeutet, angstfrei mit der Bürokratie umzugehen. Sie als Gründer müssen wissen, wer von den zahllosen Forderern Ihnen wirklich gefährlich werden kann. Im Rahmen der Ausgaben für die Verwaltung sollten Sie auch die Telefontarife prüfen. Hüten Sie sich aber vor allzu großem Optimismus. Einsparungen dürfen nicht wesentlich zulasten der Qualität, der Leistungsmenge oder der Arbeitszeit gehen. So ist es heutzutage unsinnig, ohne Handy zu arbeiten. Die telefonische Erreichbarkeit muss jederzeit gewährleistet sein, weil Einsparungen ansonsten direkt die Kundenkommunikation und damit den Umsatz gefährden. Wir setzen noch eins drauf. Wir halten es in vielen Fällen sogar für sinnvoll, sich einen Büroservice zu leisten, damit das Telefon ständig besetzt ist.

Beispiel: Der kreative Partyservice „Die Hofköche" in Wiesbaden arbeitet seit zwei Jahren mit einem Telefonservice. Immer dann, wenn die Chefs und Mitarbeiter während des Kochens oder bei Terminen außer Haus es nicht rechtzeitig schaffen, ans Telefon zu gehen, schaltet es sich automatisch zu einem ausgesprochen guten Telefonservice weiter. Der Service-Mitarbeiter, der das Gespräch entgegennimmt, stellt einen professionellen Kontakt her und informiert je nach Dringlichkeit die Köche über den Anruf. Ergebnis: ungestörtes Kochen bei ständiger Erreichbarkeit, und das Ganze für knapp 100 Euro pro Monat.

Ungestört arbeiten zu können ist nicht nur für die Produktivität, sondern auch für den Kundenkontakt wichtig. Wer hat nicht schon einmal erlebt, dass während eines Beratungsgesprächs der Berater sein Handy bediente. Von daher sind Weiterschaltungen auf das Handy nicht sinnvoll und in bestimmten Situationen sogar eine Unverschämtheit gegenüber dem Kunden.

Steuerberater

Jeder hat ihn, und fast jeder nutzt seine Dienste falsch. Steuerberater machen bei Deutschlands Gründern im Wesentlichen die Buchführung. Besser gesagt: Sie lassen sie von ihren Angestellten machen. Dafür sind aber nicht nur die Kosten zu hoch, sondern auch die Vorgänge zu wenig transparent. Es ist viel vernünftiger, die Buchführung im eigenen Haus zu erledigen oder eine Finanzbuchhalterin damit zu beauftragen. Und den Steuerberater nur noch für den Abschluss oder für wirkliche Beratung in Steuerproblemen in Anspruch zu nehmen.

Viele Gründer halten sich für besonders schlau, wenn sie mit dem Steuerberater über die Gebühren verhandeln. Leider beachten sie dabei nicht die vielfältigen Möglichkeiten, die dieser hat, um sich einen Nachschlag zu holen. So reicht es absolut nicht aus, die Monatspauschale gering zu halten, da ein Steuerberater sich bei einem meist viel zu hoch kalkulierten Jahresabschluss nachträglich mehr holen kann. Übrigens: Nur ganz dumme Gründer glauben noch an einheitliche Preise, weil es ja eine bindende Steuerberatergebührenordnung gibt. Die ist jedoch im Ernstfall genauso bindend wie die Tarife der Deutschen Möbelspedition. Der Steuerberater hat nämlich einen weiten Ermessensspielraum bei der Einschätzung seiner Leistung. Einerseits braucht er ihn – andererseits nutzt so manch einer ihn auch allzu üppig.

Zinsen

Ein erfreuliches Kapitel. Wer keinen Bankkredit hat, zahlt auch keine Zinsen. Dennoch soll gesagt sein, dass die Höhe und die Bedeutung der Zinsen von den meisten Gründern überschätzt werden. Sicher: Wer aus Dummheit oder Not über Dispositionskredite finanziert und diese noch überzieht, kommt schnell auf ganz ordentliche Summen. Als wesentlicher liquiditätszehrender Faktor schlägt jedoch, vor allem bei öffentlichen Krediten, die Tilgung zu Buche. Aber auch hier frohe Kunde: Wer keine Kredite hat, muss sie auch nicht tilgen.

Steuern

Eigentlich gehört dieser Punkt nicht hierher, denn sachlich gesehen entstehen Gründern durch Steuern keine Kosten. Dennoch spürt der Gründer eine permanente finanzielle Belastung. Das liegt daran, dass er vor allem seine Umsatzsteuerzahlungen als Kosten betrachtet. Bei der Umsatzsteuer handelt es sich jedoch um vereinnahmte Fremdgelder, die dem Gründer gar nicht gehören. Sie landen jedoch seltsamerweise in seinen Kassen und auf seinen Konten und werden daher, sobald er sie abführen muss, als Kosten empfunden. Oft haben Gründer das Geld bei Fälligkeit aber nicht zur Verfügung. Viele scheitern deswegen, zumal auch das Finanzamt bei der Eintreibung nicht zimperlich ist. Deshalb ist die monatliche Abführung der Umsatzsteuer, die mittlerweile für Gründer Pflicht ist, durchaus sinnvoll, ebenso ein Controlling-System, das am besten im eigenen Unternehmen aufgebaut wird und nicht etwa beim Steuerberater.

Die Einkommensteuer wird nur dann zu einem Problem, wenn ein Gründer recht schnell hohe Gewinne erzielt oder aber – was weit häufiger vorkommt – Scheingewinne. Diese entstehen, wenn er Personal schwarz beschäftigt, so seine Kosten künstlich niedrig hält und Gewinne ausweist, die er in Wirklichkeit gar nicht hat. Die Strafe: eine hohe Einkommensteuerbelastung, in der Regel nach zwei bis drei Jahren. Und dann kommt alles auf einen Schlag – Nachzahlung und Vorauszahlung! Schwarzzahlungen sind daher abzulehnen.

Machen Sie einen Cross-Check

Gerade Gründer haben noch nicht das nötige Feeling dafür, wie hoch bestimmte Kosten sein dürfen. Da hilft, außer einem Berater, der die Branche kennt, vor allem der Blick auf die Wettbewerber. Das ist entweder in der Theorie (Branchenkennzahlen) oder in der Praxis (Kontakte zu befreundeten Unternehmen aus der gleichen Branche) vorstellbar.

Aus der Praxis

Zu teure Werbung

Timo hat einen Zeitschriftenladen von seinen Eltern übernommen. Den Berater spart er sich, weil Papa meint, dass der trotz Subventionen immer noch zu teuer ist. Sechs Wochen später unterschreibt Timo einen Werbevertrag bei einer Drückerfirma für eine Leuchtwerbung am Bahnhof, der 1.000 Meter von seinem Geschäft entfernt liegt. Kosten: 2.500 Euro im Jahr.

Grundsätzlich gilt: Überprüfen Sie Verträge und Vereinbarungen ganz besonders, wenn sie längerfristige Verpflichtungen umfassen. Ähnlich wie der Gründer seine Kunden in ABC-Kunden – je nach Bedeutung – klassifiziert, muss er auch seine Kosten entsprechend ordnen. Ein Gründer hat wenig Zeit. Daher sollte er sich nur um die Kosten kümmern, die in seinem Unternehmen am stärksten wirken, nicht um die, auf die er allergisch reagiert.

Timo hätte es besser machen können: seinen Vermieter so lange beknien, bis er eine Leuchtreklame direkt an seinem Zeitschriftenladen zugelassen hätte. Und über diese dann beinhart mit einschlägigen Firmen verhandeln.

Wie wirken sich die privaten „Kosten" aus?

Nicht nur die Fixkosten, sondern auch die privaten Bedürfnisse treiben den benötigten Mindestumsatz in die Höhe. Schön, ein klares Umsatzziel vor Augen zu haben.

Wie Hunger und Durst den Break-even erhöhen

Ob das Unternehmen sich in der Gewinn- oder Verlustzone bewegt, der Gründer und sein Anhang haben täglich Hunger und Durst. Ihr Vermieter gehört ebenfalls nicht zur Unterstützerszene, und das Sozialleben ist meist mit Geldausgeben verbunden. Daher gilt es zunächst, die privaten Lebenshaltungskosten zu ermitteln. Das führt zum ersten Erschrecken. Die Folge ist dann stets der wilde Vorsatz, ab dem Zeitpunkt der Gründung von der Hälfte zu leben. Das kann sich jedoch außer dem Gründer selbst keiner vorstellen.

So oder so: Die Lebenshaltung muss vorfinanziert werden bis zu dem Zeitpunkt, ab dem das Unternehmen genügend Gewinn nach Steuern abwirft, um die Kosten dafür zu decken. Und das kann dauern. Die risikoreduzierte Gründung soll bewirken, dass sich diese Zeit verkürzt. Dennoch: Der Regelfall ist sicher, dass es mindestens ein Jahr bis zum sogenannten erweiterten Break-even kommt:

$$\text{Erweiterter Break-even} = \frac{\text{Fixe Kosten} + \text{private Lebenshaltung}}{\text{Deckungsbeitrag pro Stück}}$$

Beispiel: Break-even im Saftladen
Fixe Kosten: 2.000 Euro/Monat
Deckungsbeitrag: 2 Euro/Glas
Lebenshaltung: 2.000 Euro/Monat

Break-even

$$\frac{2.000 \text{ Euro/Monat}}{2 \text{ Euro/Glas}} = 1.000 \text{ Glas/Monat}$$

Erweiterter Break-even

$$\frac{2.000 \text{ Euro/Monat} + 2.000 \text{ Euro/Monat}}{2 \text{ Euro/Glas}} = 2.000 \text{ Glas/Monat}$$

Erst wenn der Inhaber regelmäßig 2.000 Glas Saft im Monat verkauft, kann er ohne Substanzverzehr und Schuldenmacherei leben.

Vielleicht fragen Sie sich jetzt: Muss ich wirklich ein Jahr und mehr Zeit vorfinanzieren? Leider ja. Und das Schlimme: Selbst wenn Sie es über die Bank finanzieren möchten – dafür fehlt ihr jegliches Verständnis.

Wer macht mich satt?

Gibt es Möglichkeiten, die privaten Bedürfnisse zu befriedigen, ohne das Geschäftskonto zu belasten? Und welchen Preis hat das?

FFF

Weit lieber, als dass sie Geld herausrücken, unterstützen Family, Friends und Fools den Gründer mit Naturalien. Das verhindert das in Deutschland sowieso seltene Schicksal des Hungerns. Aber: Ihm droht das Image eines Mitessers. Er wird so lange geduldet, wie er unauffällig bleibt, und fliegt raus, wenn er stört. Täglich ein adäquates Verhalten zu zeigen, das ist der Preis für diese Art der Unterstützung. Und das kann leicht zum Stress werden.

Nebenjob

Ein fester Job nebenbei senkt natürlich den Substanzverlust deutlich. Aber er kostet auch Zeit und Kraft. Zeit, die man dem eigenen Kunden nicht mehr geben kann. Und im ungünstigsten Fall ist man für den Kunden in dieser Zeit noch nicht einmal erreichbar. Gründer überschätzen stets, was Neukunden so alles dulden, wenn sie nicht einen Auftragnehmer, sondern nur seinen Anrufbeantworter erreichen. Lediglich im Ausnahmefall lässt sich das problemlos vereinbaren.

Beispiel: Ein Angestellter einer Landesbehörde machte sich als Hausfrauensex-Vermittler selbständig. Er schaltete Anzeigen mit seiner Handynummer und telefonierte mit seinen Kunden vom Behördenbüro aus. Seit es Wireless LAN gibt, kann er von seinem Laptop aus auch risikolos Fotos der betreffenden Damen versenden. „Manchmal weiß ich gar nicht mehr, was mein Haupt- und was mein Nebenjob ist." Den Protesten gegen die Arbeitszeitverlängerung im öffentlichen Dienst steht er skeptisch gegenüber. „Eigentlich bin ich für meine Kunden 24 Stunden erreichbar." Ein wahrer Leistungsträger.

Echte Kerle

Natürlich können Sie den Break-even auch eher erreichen, wenn Sie Ihre eigenen Lebenshaltungskosten senken. Allerdings ist das nur durch eine radikale Änderung des Lebens möglich. Gelebte Selbständigkeit Tag und Nacht also.

Aus der Praxis

Gründerinnen mit Leib und Seele?

Zwei Frankfurter Buchhändlerinnen, praktischerweise Zwillinge, leben im Hinterzimmer ihrer Buchhandlung auf acht Quadratmetern. Sie kochen auf einem Zweiplattenherd und besitzen kein Auto. Ergebnis: Sie brauchten nur die Hälfte ihres Kreditvolumens und erreichten bereits nach acht Monaten den erweiterten Break-even.

Arbeitsamt

Eine komfortable Chance zur Finanzierung der Lebensführung sind Unterstützungsleistungen des Arbeitsamtes für Gründer aus der Arbeitslosigkeit I. Der Gründungszuschuss ist eine Pflichtleistung des

Arbeitsamtes, das heißt, arbeitslose Gründer haben einen Rechtsanspruch darauf. Das kann bis zu 24.000 Euro bringen, die nicht rückzahlbar sind! Das bedeutet, dass die Ernährung für mindestens neun Monate gesichert ist. Chance statt Schande, jedoch begrenzt auf genau diese Zeit!

Gut zu wissen

Zusammenfassung

Eine Gründung ohne große finanzielle Mittel hat nur dann Chancen, wenn der Kapitalverzehr minimiert wird:

- Minimierung der Investitionen
- Minimierung des Warenlagers
- Schnelle Realisierung der Umsätze
- Minimierung der fixen Kosten

3. Die Geldquellen der Gründer

Es gibt etliche Geldquellen für Gründer ohne Bankfinanzierung. Mit vielen davon ist die Finanzierung sogar realistischer, und sie läuft unbürokratischer und menschlich wesentlich angenehmer ab. Vom Zeitfaktor ganz zu schweigen. Es ist wie beim Kochen – fehlt das obligatorische Fleisch, beginnt die Kreativität. Je mehr eigene Ideen der Gründer bei der Geldbeschaffung entwickelt, umso chancenreicher ist er. Und plötzlich macht es sogar Spaß. Doch selbst bei optimalen Startbedingungen – ganz ohne Geld geht es nicht.

Wie viel Eigenkapital bringen Sie mit?

Zum Eigenkapital zählt Geld; zudem gehören alle Dinge dazu, die sich bereits im Eigentum des Gründers befinden und für die Gründung benutzt werden können. Neben dem Pkw sind das vor allem die technische Ausstattung, etwa der PC, Büroeinrichtung oder gehortetes Büromaterial. Geld ist die flexibelste Liquidität. Wer gar keins hat, sollte sich – je älter er ist, umso deutlicher – die Frage stellen, warum er kein Geld hat.

Dafür kann es gute Gründe geben, aber auch schlechte. Die schlechten stellen vielleicht die Gründerpersönlichkeit selbst infrage, ein absolutes K.-o.-Kriterium. Einige tausend Euro sind selbst im günstigsten Fall die Mindestsumme, die verfügbar sein muss. Richtig problematisch wird es jedoch bei finanziellen Vorerkrankungen von Schulden bis Offenbarungseid. Je nach Schwere der Erkrankung kann sie ebenfalls ein Hindernis sein und das Aus für die Gründungspläne bedeuten. Letzte Chance dann: der Strohmann oder die Strohfrau.

FFF – die klassischen Gründerfinanziers

Family, Friends und Fools sind die klassischen Gründerfinanziers, sie geben Summen in vierstelliger Größenordnung. Die Gründe sind meistens unökonomisch, die Bereitschaft ist eher zögerlich. Man gibt aus moralischen Gründen, aus Freundschaft oder Mitleid, aber man hat stets Angst. Daher geben diese Menschen nur in kleinen Dosen. Viel zu kleinen, um weiteren Anpumpversuchen zu entkommen. Umgekehrt macht es der Gründer wie der männliche Patient: Er kommt erst, wenn die Lage kritisch ist. Vorher ist er davon überzeugt, dass er es auch so schafft.

Höchstvergeblich der Rat des Beraters: Konzept schreiben, realistisch kalkulieren, ordentliche Verträge machen. Daraus wird nichts, weil der Gründer zu faul und zu feige ist, ohne Not die FFFs anzupumpen. Die geben aber nur, wenn sie die Not und den Zwang leibhaftig spüren. Wenige, ganz wenige verleihen das Geld aus der Überzeugung, dass es gut angelegt ist. Der Gründer könnte durch eine entsprechende Performance ihre Zahl erhöhen. Aber allzu selten ist es die Verstandesebene, die menschliches Handeln prägt und Entscheidungen beeinflusst.

Gründen mit Partnern

Bei Geschäftspartnern setzt man schon etwas mehr Verstand voraus. Partnerschaft kann vielfältig sein – in höchster Form ist ein gleichberechtigter Mitgesellschafter an Bord, in der niedrigsten handelt es sich um eine stille Beteiligung. Den Teamgründungen haben wir ein eigenes Kapitel (Kapitel 7) gewidmet.

Einen gleichberechtigten Partner aus rein finanziellen Gründen zu wählen, ist höchst gefährlich. Im Gegensatz zur Bank, von der Sie als Gründer im positiven Fall selten etwas sehen und hören, ist der Partner täglich anwesend und bestimmt bei allem mit. Damit das dauerhaft funktioniert, muss nicht nur die Chemie stimmen, sondern auch Arbeitsteilung, Ansprüche und Ziele. Und: Der Gründer muss teamfähig sein. Aber das ist ja heutzutage jeder …

Kruder wird es, wenn der Partner mehr Geld einbringen kann und muss als der Gründer. Ungleiche Kapitalverteilung schafft haufenweise Verteilungs- und Stimmrechtsprobleme und ist Quelle für heftige Konflikte im Krisenfall. Heißt 70 Prozent Kapitalanteil auch 70 Prozent Arbeitskraftanteil? Und wenn nicht: Wie teilen wir den Gewinn, wenn das Kapital anders verteilt ist als der Arbeitseinsatz? Kein Thema in der Euphorie der Gründungsphase. Aber schnell ein Thema, sobald der erste Rausch verflogen ist.

Beispiel: Unsere vier Schneiderinnen wollten sich gemeinsam selbständig machen. Wir erstellten einen Geschäftsplan. Jede sollte 25.000 Euro einbringen, was nur nach heftigen Diskussionen durchsetzbar war. Kurz vor der Gründung sprang Nadja ab. Was tun? „Egal! Wir schaffen es auch ohne die!" Mit 75.000 Euro.

Anastasia war von Anfang an zögerlich, hatte aber immer gute Gründe. Erst musste sie ihr Arbeitsverhältnis kündigen, dann umziehen. Und so stand sie in der heißen Gründungsphase nur bedingt zur Verfügung. Aber schier grenzenlos war das Verständnis von Kathrin und Melanie für dieses Verhalten. Undank ist jedoch der Welten Lohn: Anastasia warf ebenfalls nach zwei Monaten das Handtuch. Sie hatte erst 5.000 Euro ihres Geldes eingebracht und weigerte sich, die restlichen 20.000 Euro zu zahlen. Schließlich mochte sie nicht mehr mitspielen.

Verträge hin, Verträge her. „Schaffen wir es auch mit 55.000 Euro?!" – „Nein!", sagte der Berater. – „Klar doch!", sagten die Gründerinnen. Erschwerend kam hinzu, dass Anastasia die Einzige war, die vor der Gründung Berufserfahrung sammeln konnte, während Kathrin und Melanie zuvor im öffentlichen Dienst gearbeitet hatten. Drei Jahre später wurde der Berater bestätigt: Geld alle, Kraft alle, Mut weg. Melanie stieg aus, Kathrin ist alleine.

Musste es so kommen? Vermutlich ja.

Und noch eines ist bei Partnergründungen zu beachten: Meistens bringen die Gesellschafter nicht nur Kapital ein, sondern wollen auch von den Einkünften leben. Je mehr Gründer, desto mehr hungrige Mäuler also, die täglich gestopft werden müssen. Und wenn die Mäuler dann auch noch unterschiedlich groß sind, lassen sich weitere Verteilungsprobleme nicht vermeiden.

Aus der Praxis

Unterschiedliche Vorstellungen

Ein Hochschulprofessor will mit seinen drei Assistenten ein Unternehmen gründen. Der Professor kann von seinen sonstigen Einnahmen leben, zwei Assistenten sind mit den vom Berater empfohlenen mageren 1.000 Euro für die Anfangszeit zufrieden. Da meldet sich der Vierte im Bund: „Ich bin geschieden und habe den Unterhalt für zwei Kinder zu zahlen. Unter 2.500 Euro geht das nicht."

Die harmlosere Form der Partnerschaft ist die stille Beteiligung. Sie erfolgt meist in vier- und fünfstelliger Größenordnung, es gibt Geld gegen Anteile ohne persönliche Mitarbeit und bei nur geringer Mitbestimmung. Die Zielsetzung des Anlegers ist also umrissen, er gibt sein Geld aus folgenden Gründen:

- Er glaubt an Gründer und Gründung, geht also von einer profitablen Anlage aus.
- Die Gründung bringt ihm persönliche Vorteile, privat oder geschäftlich als Kooperationspartner.

- Liebe, Lust, Leidenschaft, Langeweile.
- Steuervorteile.

Im Gegensatz zur FFF-Finanzierung werden hier meistens ordentliche Verträge gemacht, was den Beteiligten Rechtssicherheit gibt. Dadurch kommen Konflikte vorab auf den Tisch. Und genau das ist auch unsere Empfehlung.

Business-Angels, Venture Capital und Unternehmensbörse

Für Business-Angels gilt im Wesentlichen das Gleiche wie bei stillen Beteiligungen. Die Beteiligung erfolgt in rechtlich äußerst unterschiedlichen Formen und kann auch als reiner Kredit gestaltet werden. Es gibt jedoch zwei Unterschiede: Business-Angels lernen „ihre" Gründer oft auf Foren kennen, haben also seltener eine gewachsene Beziehung zu ihnen. Das kann die Verstandesebene bei Entscheidungen stärken. Leider sind Business-Angels aber häufig ältere Männer im Ruhestand, die lebenslänglich Angestellte waren und jetzt ein bisschen Unternehmer spielen wollen. Doch wie soll einer, der nur die Zehe ins Meer hält, die Temperatur beurteilen können?

Grundsätzlich kritisch schließlich sehen wir die Verquickung von Geld und Rat. Wie berate ich, wenn ich Angst um mein eigenes Geld haben muss? Interessenkonflikte sind da nicht auszuschließen.

Venture-Capitalists sind weit professioneller. Entsprechend höher sind die Anforderungen an die Gründer. Venture-Capitalists engagieren sich nicht unter sechsstelligen Beträgen und wollen hohe Profite. Es ist nahezu ausgeschlossen, dass der risikoreduzierte Gründer da eine Chance hat.

Vielfach bieten oder suchen auf der Unternehmensbörse der KfW (www.nexxt.org) Menschen neue Möglichkeiten. Es treffen sich Geldsuchende und Anleger. Die Erwartungshaltungen sind beidseitig hoch. Wir schätzen die Chancen nicht viel höher ein als auf dem Heiratsmarkt der Wochenzeitung „Die Zeit". Die Gründe sind im übertragenen Sinne ähnlich.

Was können Mitarbeiter beitragen?

Mitarbeiter anzuzapfen ist aus vielen, vielen Gründen kritisch. Es schwächt auf alle Fälle Ihre Position als Vorgesetzter. Außerdem: Der risikobewusste Gründer wird kaum wagen, am Anfang festangestellte Mitarbeiter zu beschäftigen. Dennoch bleibt der Gedanke vernünftig, denn er heißt übersetzt nichts anderes, als neue Kriterien bei der Personalauswahl zu setzen. Wie schon erwähnt, der Gründer kann vor allem Geber gebrauchen, die bereit sind, das Nemen auf später zu verschieben. Das heißt, Mitarbeiter die bereit sind, erst zu leisten und dann zu kassieren. Seit der Zeit des Neuen Marktes erlebte diese absolut ungewerkschaftliche Haltung eine Renaissance. Doch sei davor gewarnt, den Bogen zu überspannen. Härteres als knappe Löhne, keine Extras und kostenlose Praktika sollte man niemandem zumuten.

Beispiel: Der Gründer einer Sexpostille aus Buxtehude versprach seinen Redakteuren raschen Aufstieg und ließ sie dann monatelang kostenlos arbeiten. Da seine Freundin bei einer Bank arbeitete, hatte er sich die Kontendaten etlicher Firmen besorgt. Flugs stellte er unbestellte Anzeigen in seine Zeitung, schrieb Rechnungen und buchte munter ab. Das ging so lange gut, bis er dummerweise eine Anzeige der Jungen Union in sein Sexblatt setzte …

Wie können sich Kunden beteiligen?

Kunden geben ihre Finanzierung in Form von Anzahlungen. Unrealistisch? Üblich ist das zum Beispiel bei Reisen und bei der Bestellung von Möbeln. Doch lässt sich so etwas auch in anderen Branchen nutzen, wo es bisher unüblich ist? Ja, das zeigt das Beispiel auf Seite 52.

Neugründer haben zwar noch keinen treuen Kundenkreis, vielleicht aber einen opferbereiten Bekanntenkreis. Dort wird sich schnell zeigen, wer wirklich von Gründer und Vorhaben überzeugt ist.

Der Vorteil von Kundenanzahlungen ist offensichtlich, die Nachteile sind es auch. Zum einen signalisiert der Gründer den Kunden seine Kapitalknappheit, zum anderen müssen derartige Gutscheine verkauft und abgerechnet werden. Dennoch: eine reizvolle Alternative, vor allem für Warmgründer. Weit entscheidender als diese Anschubfinanzierung ist jedoch die Dauerfinanzierung. Und dafür braucht es rasch und nachhaltig ausreichend Kunden!

Gutscheine gestern und heute

Früher wurden Szenebuchhandlungen gegründet, indem man den Kunden Büchergutscheine vorab verkaufte, um sein erstes Warenlager zu bestücken. Das setzt natürlich eine intime Kontaktebene voraus. Das Ganze tat man für Gotteslohn, denn man war ja Sympathisant.

Gotteslohn ist als Währung abgeschafft, und so wendete sich der Inhaber eines Kölner Sterne-Lokals, als es von einem Vorort in die Innenstadt umziehen wollte, zwecks Finanzierung zunächst an seine Hausbank. Doch welche Bank finanziert heutzutage noch Gastronomie? Also bot man den zahlreichen verschworenen Stammkunden Restaurantgutscheine an: 100-Euro-Gutscheine zum Preis von 70 Euro. In kürzester Zeit waren die notwendigen 40.000 Euro für den Umzug beisammen.

Höchst gefährlich: Kredite von Lieferanten

Meistens kann man froh sein, wenn Lieferanten den Gründer heutzutage noch auf Rechnung beliefern, echtes Kapital führen die wenigsten zu. Am üblichsten ist noch die Finanzierung von Theke und Einrichtung durch Brauerei oder Getränkegroßhändler.

Das gibt zwei Probleme, das erste ist bekannt: Langjährige Bierlieferverträge (inklusive der meisten anderen Getränke) zu lausigen Konditionen schmälern die Marge erheblich, bei jedem Glas. Das zweite Problem ist fast noch schlimmer: Damit verbunden ist eine eintönige Einrichtung, die jede Chance zur Positionierung über die Gestaltung nimmt („gehobene Brauereiausstattung").

Und das Allerschönste: Man darf noch froh sein, überhaupt etwas zu bekommen. Und so übernimmt unser eritreisches Spezialitätenrestaurant eben die abgenudelte Einrichtung eines Westernsaloons und schüttet Sand auf den Boden, um dennoch einen eigenen Akzent zu setzen. Wir halten Finanzierungen durch Lieferanten für höchst gefährlich und kennen dafür kein einziges lobenswertes Beispiel.

Im Experimentierstadium: Kleinstkredite

Die Idee kommt aus Indien: Es geht um Kleinstkredite im zwei- und dreistelligen Dollarbereich. Damit soll es Bedürftigen ermöglicht werden, eine Existenz aufzubauen – unabhängig von den Wucherern. Mikrokredite werden mittlerweile auch in Deutschland ausprobiert. Die Beträge liegen meistens im vierstelligen Bereich. Doch was in der Dritten Welt als Erfolgsmodell gilt, stellt sich derzeit bei uns noch allerorten als publizistisch weit überhöhtes Experimentieren in zahlreichen Laboren dar. Viele kleine bürokratische Krümelmonster wetteifern miteinander, denn die Kommunalpolitik will es so.

Im Weg steht allen gemeinsam das Kreditwesengesetz, das es Nicht-Banken verbietet, so einfach Kredite zu vergeben. Die Banken drücken sich vor Versuchen mit Kleinstkrediten, so gut es geht. Am Ende müssen dann die Sparkassen mitspielen, da sie durch ihre kommunalen Aufsichtsräte leicht erpressbar sind. Sie tun es ohne Begeisterung. Der Mikrokreditansatz leidet unter Legitimationszwang. Und das beschwört die Gremienwirtschaft herauf: Fachgremien, politische Gremien und last but not least Beratergremien, die Betreuungshonorare wittern. Das macht viele Beteiligte mit wenig spezifischen Kenntnissen. Schuldnerberater wären da allemal nützlicher als BWLer.

Vergeben werden Beträge zwischen 2.000 und 10.000 Euro, entweder als Kredit oder stille Beteiligung. Bei vielen Modellen übersteigen die Handlingkosten – von wem auch immer sie getragen werden – die Kreditsumme. Das heißt: 5.000 Euro Kredit vergeben und 6.000 Euro Backoffice-Kosten verursacht! Die Zinsen übersteigen die Handlingkosten immer, obwohl in den meisten Fällen deutlich mehr als zehn Prozent verlangt werden. Bei den geringen Kreditsummen ist das aber nur scheinbar viel.

Interessant ist es, in den Entscheidungsgremien mal Mäuschen zu spielen. Dort hört man dann, wer am zuverlässigsten seine Kredite bedient: Frauen! Und Menschen mit Migrationshintergrund und Familienbindung: „Da bürgt die Familie mit, und es wird zur Frage der Ehre."

Für Gründer ohne Bankkredit bietet sich hier eine Chance, wenn sie die nötige Geduld mitbringen. Die Chance ist umso größer, je besser sich die Gründung darstellen lässt. Das betrifft sowohl den eigenen Hintergrund als auch die Geschäftsidee. Und manchmal auch den spezifischen Standort.

Zusätzlich zu diesen Möglichkeiten gibt es eine Sonderfinanzierung für Hartz-IV-Bezieher. Die Behörde macht es sich zur Versorgung oder, besser gesagt, Entsorgung ihrer Klientel in die Selbständigkeit einfacher. Der Fallmanager finanziert, wenn eine fachkundige Stellungnahme vorliegt, die die Tragfähigkeit des Vorhabens bescheinigt. Dann gibt es neben dem monatlichen Einstiegsgeld in der Größenordnung der bisherigen Hartz-Bezüge vielleicht noch einen Kredit im Tausenderbereich. Nach unserer Erfahrung werden die Hartz-IV-Empfänger schneller und besser bedient als Antragsteller bei einem Mikrofonds. Für wirklich überzeugend halten wir beide Modelle nicht.

4. Der Kampf um die Kunden

„Ich kam, sah und siegte." Viele Gründer sind gleichsam cäsarisch davon überzeugt, in null Komma nichts Kunden zu gewinnen. Doch wird der Tunnelblick auf Preis und Qualität dem wahren Kundenverhalten gerecht? Es lohnt sich, einen Blick auf andere Faktoren zu werfen. Denn nur dann besteht die Chance, die Ursachen für die obligatorischen Wartezeiten auf die Kunden zu erkennen oder gar zu verkürzen.

Wie Sie auf Kunden gut wirken und sie überzeugen

Die Betriebswirtschaft geht vom rational denkenden und handelnden Kunden aus. Altgediente Berater wissen aus ihrer Praxis dagegen zu berichten: Meistens sind recht subjektive Faktoren kaufentscheidend. Und auch die Gründer starten häufig mit falschen Erwartungen in ihre Selbständigkeit.

Viele Gründer glauben fest daran, dass die Menschen sehnsüchtig auf ihre Produkte oder auf ihre Leistungen warten. Die Kunden bemerken sie nicht nur sehr schnell, sondern kaufen auch hemmungslos und zahlen prompt. Die Realität beweist das Gegenteil. Kaltgründer werden in vielen Fällen noch nicht einmal von der Konkurrenz wahrgenommen, geschweige denn von den potenziellen Kunden. Warmgründer sind da besser dran, jedoch verzögert sich die Kaufentscheidung auch hier oft ganz erheblich.

Besonders erschütternd sind die Illusionen darüber, was sich mit Marketing erreichen lässt. So sind in vielen Businessplänen im Abschnitt zur Kundengewinnung originelle Gedanken gelistet: E-Mails, Handwurfzettel, Direktanschreiben, Anzeigen, Internet. Doch die Wirkung dieser Kaltakquise-Instrumente ist erbärmlich gering, und das Werbebudget von Gründern lässt keine Materialschlachten zu. Gründer ohne Bankkredit haben in der Regel noch weniger Geld zur Verfügung. Manch einer ist froh, dass es für ordentliche Visitenkarten oder eine Autobeschriftung reicht.

Einige Gründer nennen Empfehlungen als Kundengewinnungsstrategie in ihrem Businessplan. Klar sind sie die beste und billigste Werbung. Aber sie setzen nicht nur Bekanntheit voraus, sondern auch eine große Zahl zufriedener Kunden. Zudem: Nicht in jeder Branche wird so hemmungslos offen weiterempfohlen wie etwa bei Restaurants. Wer würde seinen Psychiater weiterempfehlen, wer sein Lieblingsbordell und wer seinen bevorzugten Bestatter?

Gründer sollten also realistische Zeiträume bis zur Marktdurchdringung einkalkulieren. Einige Kardinalfehler in diesem Zusammenhang lassen sich jedoch vermeiden. Welche dazugehören, darauf gehen wir im Folgenden ein.

Die Selbstdarsteller

Beobachtet man die Marktauftritte von Unternehmen – egal ob in Broschüren, auf Internetseiten oder bei persönlicher Akquisition –, sticht meist eines unmittelbar ins Auge: die permanente und hemmungslose Selbstdarstellung. Ich kann. Ich weiß. Ich bin. Im Prinzip interessiert das kaum einen Kunden. Im Gegenteil: Eine solche Präsentation nervt oder wird als Propaganda verstanden und weder geglaubt noch wirklich beachtet.

Der Gründer ist da nicht anders. Warum auch, hat er doch das Angestelltenleben gerade erst hinter sich gelassen. Daher ähnelt seine Werbung sehr einer Stellenbewerbung. Ihn beherrscht der innere Zwang, den Kunden seine Qualitäten zu beweisen. Und so bombardiert er mit Titeln, Ausbildung, Kenntnissen und mannigfaltigen Versprechen. Völlig sinnlos: Wenn ein Berater vom Kunden gefragt wird, ob er studiert hat, ist im Vorfeld schon alles falsch gelaufen. Will heißen: Sein Auftreten löste Zweifel aus.

Kompetenz zeigen Sie als Gründer nicht durch ein Bombardement mit Worten, sondern durch kompetente Fragen. Statt sich selbst in den Mittelpunkt zu stellen, sollte der Kunde dort stehen. Und siehe da, er mag das sogar. Statt selbst zu reden, lassen Sie den Kunden reden. Statt damit zu prahlen, was Sie können, müssen Sie erfragen, was der Kunde braucht.

Die wenigsten Kunden können wirklich beurteilen, wie gut die fachliche Kompetenz eines Gründers nun tatsächlich ist. Aber sie entwickeln ein Bauchgefühl, das heißt, sie glauben oder wollen glauben, oder sie wollen und können es eben nicht. Kompetenz bedeutet nicht, den Kunden permanent überreden zu wollen, sondern zeigt sich durch gezieltes Zuhören. Dabei gilt: Wenige wohlerwogene Worte überzeugen am leichtesten.

Kompetenz ist jedoch nicht alles. Sympathie und Nähe sind ebenso wichtig. Sympathie lässt sich nicht künstlich herstellen, jedoch steigert Authentizität die Chancen, gut anzukommen. Das zeigt unser Beispiel: Ein blitzsauberer und stets freundlicher Käsehändler schien uns geradezu prädestiniert zum Frauenliebling. Weit gefehlt. Auf Nachfragen erklärten einige Frauen unabhängig voneinander: „Der ist so unecht, so schleimig, so glatt." Bleiben Sie also ganz bei sich und verstellen Sie sich nicht.

Damit zusätzlich Nähe zu den Kunden entstehen kann, muss eine gemeinsame Sprache gesprochen werden. Bestes Gegenbeispiel: Der IT-Spezialist, der in seiner Welt gefangen eventuell Interessierte sprachlich nicht mehr erreicht.

Wer jetzt sensibilisiert ist und nach Beispielen sucht, sollte sich einfach einige Internetauftritte von Unternehmen ansehen. Schnell wird klar: Die mehr oder weniger gelungene Selbstdarstellung dominiert. Und bevor der Kunde auf seine Probleme angesprochen wird, hat er sich längst weggeklickt.

Doch die Selbstdarsteller sind noch lange nicht die Schlimmsten. Es gibt darüber hinaus Überzeugungstäter, die ihre Kunden auch noch belehren oder gar umerziehen wollen. Das kommt in den meisten Fällen gar nicht gut an.

Beispiel: Die Restaurant-Inhaber werben mit erhobenem Zeigefinger: „Naturnah leben – naturnah essen". Damit erreichen sie wahrlich nur noch den harten Kern der alternativen Bewegung, und der isst meistens zu Hause. Unverkrampfter dagegen kommt die Konkurrenz daher: „Aus Spaß vegetarisch".

Aber finden sich Belehrer wirklich häufig? In subtileren Formen fallen sie tatsächlich öfter auf.

Beispiel: Ein Kunde fragt nach einem Kriegsbuch. Die Buchhändlerin mit leichtem Zittern in der Stimme: „So etwas führen wir hier nicht!" Doch dann besinnt sie sich und schiebt gedehnt nach: „Das müsste ich Ihnen beeestelleeeen."

Also: Entweder, oder! Wenn ich gegen Produkte eine Abneigung habe, die ich nicht verhehlen kann, dann muss ich konsequent bleiben oder gar ein Markenzeichen daraus machen. Doch wer zu viel ablehnt, sollte besser kein Unternehmen gründen. Wer bekehren will, ist vielleicht als Sektengründer erfolgreicher.

Tipp
Sieben Regeln für die Akquisition

Behalten Sie bei Ihren Bemühungen immer den Kunden im Blick. Die folgenden Tipps helfen Ihnen dabei, Ihre Akquisestrategie festzulegen.

- Verwenden Sie klare Sprache statt Fachchinesisch.
- Stellen Sie immer den Kundennutzen statt der Selbstdarstellung in den Vordergrund.
- Stellen Sie Fragen, anstatt Antworten zu geben.
- Halten Sie Ihre Aussagen kurz statt lang.
- Formulieren Sie unkompliziert statt differenziert.
- Streichen Sie alle Floskeln (Wir beraten Sie gerne, bieten Qualität, sind preiswert, bla, bla, bla).
- Achten Sie darauf, dass Sie den Kunden nicht belehren und umerziehen wollen, sondern ihn so akzeptieren, wie er ist.

Die Angst der Kunden

Risikoreduzierte Existenzgründungen haben nur eine Chance, wenn der Kunde schnell kauft. Warum dauert es aber in vielen Branchen so lange, bis der Kunde zum Gründer kommt, und noch länger, bis er sich zum Kauf entscheidet? Der am stärksten vernachlässigte Grund ist schlicht und ergreifend die Angst, besser bekannt als Türschwelleneffekt. Und den gibt es sogar am Telefon.

Kunden gehen gerne dahin, wo sie die Inhaber kennen, selbst bekannt sind, die Wege wissen, die Produkte und Leistungen einschätzen können und vielleicht auch andere bekannte Kunden treffen. Die Zahl derer, die ständig nach Neugründungen suchen, ist dagegen gering und zudem auf wenige Branchen begrenzt, zum Beispiel die Gastronomie. Extremes Gegenteil hierzu sind die beratenden Berufe. Wer wechselt schon einfach so seinen Steuerberater, nur weil nebenan gerade einer neu eröffnet?

Erfolgreiche Gründungen zeichnen sich dadurch aus, dass die Angst der Kunden erkannt wird und Maßnahmen zur Minderung getroffen werden. Wenn es allein der Türschwelleneffekt wäre, könnte eine bei jedem zumutbaren Wetter offene Ladentür schon viel bewirken. Tage der offenen Tür bringen ebenfalls scharenweise Neugierige in die eigenen Räumlichkeiten. Alternativ können Sie auch an Straßenfesten oder Verbrauchermessen teilnehmen und direkt auf die Kunden zugehen. Achten Sie dann aber darauf, dass Sie sich nicht hinter Ihrem Stand verschanzen!

Vielleicht sitzt die Kundenangst in Wirklichkeit noch tiefer, nämlich als Angst vor dem Fehlkauf. Der Gründer feuert zwar Batterien von Qualitätsversprechen auf den Kunden ab und nervt ihn dazu noch mit der Darstellung seiner umfassenden fachlichen Kompetenz. Das Ganze kommt jedoch ähnlich gut an wie die Wahlkampfversprechen der Parteien. Unser Tipp: Geben Sie dem Kunden Sicherheit. Drei Beispiele aus unserer Praxis zeigen, was wir meinen.

Beispiel: Ein ehemaliger Siemens-Angestellter verkauft jetzt gebrauchte Röntgenanlagen, wartet, montiert, demontiert und repariert sie. Zudem verkauft er seinen Kunden gebrauchte Röntgenröhren zum Preis von 5.000 Euro (Neupreis: 20.000 Euro). Zwar reizt dieses Angebot den stets klammen Doktor, aber er hat auch Zweifel: „Wie alt ist die Röhre denn? Und wenn die in sieben Monaten kaputt ist?" Qualitätsbeteuerungen und Garantien brachten wenig, vor allem bei Neukunden. Über Nacht kam der rettende Gedanke. Seitdem vermietet der Gründer Röhren zu 300 Euro pro Monat. Ist die Röhre kaputt, tauscht er sie aus. Das Haltbarkeitsproblem ist nicht mehr das Problem des Arztes. Herr Doktor hat Sicherheit und spart sich zudem noch die Finanzierung. Und der angenehme Nebeneffekt: Der Kontakt zum Arzt bleibt beständig erhalten und daher warm, die beste Basis für Folgeaufträge.

Ja, aber: Das ist doch die absolute Ausnahme! In welcher Branche ist so etwas schon möglich?

Beispiel: Immer wieder stoßen die fitten Jungs und Mädels der Solar AG auf Zweifler. Fotovoltaikanlagen rechnen sich eben nur über die Einspeisvergütung für gewonnenen Strom. Und die ist nun einmal von der Sonne abhängig. Also betonen sie unablässig die Seriosität ihrer Kilowattertneprognose. Doch der Kunde denkt nur an den langen Winter. Den Durchbruch brachte hier eine „Erntegarantie". Sie sichert dem Kunden einen bestimmten Energieertrag zu. Sollte es weniger werden, bekommt er die Differenz erstattet. Einzige Bedingung: Wenn er mehr Strom erzeugt, muss er im Gegenzug die Hälfte der Einnahmen dafür abgeben. Das verblüffende Ergebnis: Im Kopf der Kunden hat sich etwas gedreht. „Na, wenn die so etwas anbieten, müssen sie sich ja sehr sicher sein. Also wollen die doch nur bei mir am Mehrertrag mitkassieren." Daher schloss bisher kaum einer die Erntegarantie ab. Aber die Zweifel über die garantierte Erntemenge sind damit schlagartig ausgeräumt.

Na ja, wieder so eine Exotenbranche. Aber gibt's denn auch etwas für Normalkunden? Klar!

Beispiel: Wir kennen das Spiel – anfüttern durch kostenloses Schnuppertraining und dann möglichst einen Jahresvertrag verpassen. Und wenn sich der Kunde ziert, Druck machen und einen gnadenlosen Preiskampf beginnen. Das funktioniert aber immer seltener. Die Menschen verspüren Existenzangst und scheuen daher zu Recht langfristige finanzielle Bindungen. Und die, die sich nicht scheuen, haben oft ungedeckte Konten … Das Fitnessstudio in Wiesbaden macht es anders. Die Inhaber propagieren geradezu den Monatsvertrag. Das ist eine etwas teurere Lösung, doch der Kunde bleibt stets flexibel.

Ja, aber: Dann kann ja jeder jeden Monat gehen, und zum Schluss sitze ich ohne Kunden da. Stimmt. Und da haben wir sie! Die Angst auf der Gegenseite.

Die Angst der Gründer

Nicht nur Kunden, sondern auch die Gründer haben Angst. Sie zeigt sich in allen Bereichen, also auch gegenüber dem Kunden. Und die meisten Gründer verkaufen sich auch so. Das Schlimme: Der Kunde hat ein sicheres Gespür für Angst und Unsicherheit.

Nehmen wir zum Beispiel die Angst vor Zahlungsausfall. Der Gründer besteht auf Barzahlung, während der Interessent als langjähriger und guter Kunde bei all seinen anderen Geschäftspartnern kreditwürdig ist. Doch da sich die beiden nicht kennen, verliert der Gründer den neuen Kunden blitzschnell und auf Dauer, denn er tut ihm das Schlimmste an: Er zeigt Misstrauen.

Gescheitert wegen zu viel Angst. Umgekehrt geht es allerdings auch, das Zauberwort heißt Menschenkenntnis. Das Unternehmen Glas Rebscher in Wiesbaden hat beispielsweise einen Grundsatz, wenn es ums Geschäft geht: „Wer im Blaumann kommt, hat Kredit. Die in den Anzügen müssen direkt bezahlen."

Die Angst vor dem Kunden ist vielfältig, stets aber Beweis für mangelnde Erfahrung: Angst vor Umtausch, vor Beschwerden, vor Klage. Angst vor Kritik, Angst, zu viel zu geben für zu wenig Geld, Angst davor, übervorteilt zu werden. Angst vor Fehlern. All das spürt der Kunde, ähnlich wie er es spürt, wenn der Zahnarzt Angst vor dem Zähneziehen hat. Wer keine Sicherheit ausstrahlt, erntet mehr Mitleid als Kunden.

Beispiel: Ein Versandhaus versendet an 100.000 Adressen seit Jahren seinen Katalog, stolz auf die enorme Zahl und ohne Rücksicht auf die Kosten. Der neue Vertriebsmann vermutet, dass es viele Karteileichen gibt. Sein Vorschlag: Alle, die seit einem Jahr nicht gekauft haben, sollen um Mitteilung gebeten werden, ob sie noch Interesse haben. Schön. Aber bitten allein bringt wenig. Daher schlägt er vor: Jeder, der keinen Katalog mehr will, bekommt als Dankeschön einen Benzingutschein über fünf Euro. Dankeschön fürs Abspringen? Wie die Heuschrecken fielen die ängstlichen Kollegen über ihn her: Mitnahmeeffekt, Adressenverlust, Aufwand, schizophrenes Modell. Er konnte sich trotzdem durchsetzen. Ergebnis: 5.000 Abspringer kosteten 25.000 Euro. Allein im ersten Jahr wurden an Prospekt- und Versandkosten 22.000 Euro eingespart, und ganze 26 Nassauer ließen sich austragen, um sich anschließend wieder in den Verteiler zu schleichen.

Wichtig ist es, den Kunden stets zu kennen und ihn nicht einfach nur negativ zu sehen und Angst vor ihm zu haben. Wichtig ist, nicht nur das

Risiko in ihm zu sehen, sondern auch die Chance. Warum ist beispielsweise Lands' End noch nicht pleite, obwohl das Unternehmen eine unbefristete Umtauschgarantie auf all seine Produkte gibt? (In Deutschland wurde es ihnen prompt als unlauter verboten.) Wer den Kunden zu negativ sieht, wird ihn selten positiv gewinnen können. Misstrauen zeigen zum Beispiel die verschlossenen Glasvitrinen, die es meist in kleinen Läden gibt und die bestimmte Waren vor Kundenzugriff schützen sollen. Doch wo nichts geklaut wird, wird auch weniger verkauft.

Den Kunden kennen, heißt zu wissen, welche Risiken und Ängste ihn vom Kauf abhalten, und ihm dann gezielt etwas Überraschendes anzubieten: die Risikoumkehr!

Beispiel: Viele Menschen kaufen ihre Bücher über den Versandhändler Amazon. Wir glauben, ein wichtiger Grund dafür ist, dass man Fehlkäufe problemlos zurückschicken kann. Der örtliche Buchhandel hat da eine sehr diffuse und oft unliberale Praxis: „Natürlich können wir Ihnen jedes Buch bestellen, aber die Rückgabe der für Sie bestellten Bücher ist ausgeschlossen." Aha. Ausgerechnet die Bücher, die ich im Laden nicht anlesen kann, darf ich also nicht zurückgeben. Also trage ich das Risiko? „Sie haben kein Risiko, denn wir beraten Sie schon richtig." „Prima", sage ich, „wenn Sie davon so überzeugt sind, dann kann Ihnen ja gar nichts passieren. Also können Sie mir den Umtausch doch risikolos garantieren." Spätestens jetzt ist die Kommunikation gestört. Mein Vorschlag der Risikoumkehr wurde in keiner unserer Buchhandlungen umgesetzt.

Unser Credo: Nehmen Sie dem Kunden die Ängste, die ihn vom Kauf abhalten, und zeigen Sie selbst keine. Nur das führt dazu, dass Kunden auch bei einem Gründer schnell kaufen. Der Lohn: ein schnellerer Markteintritt. Viele Etablierte machen das schon: Bestpreisgarantie, Geld-zurück-Garantie, 20-Minuten-Versprechen. Alles sinnlos, ruinös oder nur für die Großen? Haben die Kleinen Angst, weil sie so klein sind? Oder bleiben sie so klein, weil sie Angst haben?

Sensibel sollte der Gründer zudem darauf achten, den Kunden das Kaufen so einfach wie möglich zu machen. Das Paradoxe: Überall dort, wo das geringste Zahlungsrisiko besteht, ist die Angst vor Zahlungs-ausfällen am größten. Das zeigt sich oft im Handel: Nahezu alle Kunden zahlen bar. Jetzt gibt es seit einigen Jahren EC-Cash-Geräte an den Kassen. Und prompt macht die Angst vor Zahlungsausfällen dieses schöne Instrument bürokratisch und zeitaufwendig. Die Kunden wollen weder lange warten, bis die Kontendeckung im Direktaufruf geprüft ist, noch mit Geheimzahlen agieren, die sie bei den zahllosen Karten selten im Kopf haben. Und noch weniger wollen sie ständig ihren Ausweis zeigen. Doch es geht auch anders.

Beispiel: Die Buchhandlung BUCH & DESIGN in Hochheim führte Electronic-Cash ein. Die Inhaberin Gabriele Bock weiß, was Kunden nervt. Also verzichtete sie von Anfang an auf Online-Prüfungen und Geheimzahl. Nur eine Unterschrift muss geleistet werden. Die Hausbank war entsetzt: „Sie werden erhebliche Rücklastschriften haben und Geld verlieren. Schließen Sie zumindest eine Ausfallversicherung ab." Doch sie widerstand dem Werben der Angstmacher. Ergebnis nach drei Jahren: kein einziger Zahlungsausfall, zufriedene Kunden, geringste Handlingkosten.

Klar, in anderen Branchen ist die Kundschaft sicher weniger verlässlich als im Buchhandel. Aber nicht selten zahlt sich Vertrauen ebenso aus, wie Misstrauen bestraft wird.

Fast jeder erfolgreiche Unternehmer hat etwas Spezielles gewagt. Doch heute erleben wir viele Gründer, die sich auf leisen Sohlen möglichst risikolos in den Markt schleichen wollen und nur wenig wagen. Angst haben viele auch vor außergewöhnlicher Werbung, mit der man den Rahmen sprengt, und erst recht vor dem Guerilla-Marketing. Aber hier ein kleiner Mutmacher: Die meisten Gründer scheitern nicht, weil sie ein gezieltes Risiko eingehen, sondern sie trocknen aus, weil sie jedes Risiko vermeiden und – unauffällig bis zur Unsichtbarkeit – leicht übersehen werden.

Beispiel: Ein junger Mann, ein Angsthase, muss sich selbständig machen, weil er wegen einer Krankheit nicht längere Zeit am Schreibtisch arbeiten kann. Schon während seines Studiums bereitet er daher akribisch seine Gründung vor. Und er bringt sogar eine Innovation auf den Markt: sehr einfach, sehr billig. Damit kann er Bäume inklusive Wurzeln viel schneller und effizienter entfernen als die Konkurrenz. Alles vielversprechend, der ideale Kandidat für eine risikoreduzierte Gründung. Und so beraten wir ihn, streng den Kanon auf Marketing und Organisation gerichtet.

Doch dann kommen seine Fragen: „Soll ich ein Firmenschild an meinem Haus anbringen?" „Ja, warum denn nicht?" „Das erhöht doch die Einbruchgefahr." Seine Fragen trieben uns durch den Risikodschungel des BGB:

- „Muss ich prüfen, ob der Auftraggeber auch der Grundstücksbesitzer ist? Am Ende arbeite ich dann noch für einen Mieter, und der Eigentümer verklagt mich."

- „Was ist, wenn der Containerdienst einen Schaden verursacht? Muss ich dann haften? Und wenn der nicht versichert ist? Muss ich das vorher prüfen?"

- „Muss ich überprüfen, ob mein Subunternehmer einen Kettensägenschein hat?"

- „Kassiere ich vor der Arbeit oder danach? Und wenn der Kunde kein Geld zu Hause hat?"

Irgendwann waren wir erschöpft, nicht der Gründer. Unerfahrenheit eines Anfängers? Nein. Es gibt einfach Menschen, die haben Probleme und machen Probleme, die haben Angst und machen Angst. Der Kunde dagegen will nichts anderes als eine Lösung, schnell und unkompliziert. Und so wird die innovative Dienstleistung, die dies gewährleisten könnte, sicher an der Persönlichkeit des Gründers scheitern. Schade. Und damit sind wir auch schon beim nächsten Punkt.

Exkurs: Muss ich unbedingt ein Macher sein?

Wir vertreten die Typenlehre. Für uns gibt es: Macher, Mitmacher und Helfer. Sicherstes Indiz, in welche Kategorie jemand gehört, ist die Bereitschaft, Verantwortung zu übernehmen.

Der Macher

Der Macher zeichnet sich durch Lust und Freude an der Selbständigkeit aus. Er will keine Vorgesetzten, scheut das Risiko nicht, ist Tag und Nacht mit seiner Gründung beschäftigt. Kurz: Er lebt sie. Ihm geht alles viel zu langsam. Sein Horror ist die Bürokratie. Er sieht sich als Leistungsträger und hat wenig Verständnis für andere Lebensweisen. Das macht ihn nicht überall beliebt. Die Lösung „risikoreduzierte Gründung ohne Bankkredit" nimmt er nur aus Zwang in Kauf. Liebend gerne würde er mit viel mehr Geld starten. Doch er sieht, dass er es nicht bekommt – oder es dauert ihm viel zu lang. Also versucht er es anders.

Der Helfer

Der Helfer hat es lieber behütet. Er fühlt sich wohl in der Hierarchie, auch wenn er gehorchen muss. Anweisungen geben ihm das Ziel. Er erledigt seine Arbeit gut und gerne. Zwar fühlt er sich hin und wieder ungerecht behandelt, aber nach einem Lob ist alles vergessen. Es erfüllt ihn mit Stolz, wenn sein Chef ihn braucht. Man kann ihm einiges antun, solange man ihm das Wichtigste dafür gibt: Sicherheit. Er mag das geregelte Leben mit klaren Arbeitszeiten, klaren Zuständigkeiten und fester Entlohnung ohne Erfolgs- oder Leistungszuschläge. Das Thema Versicherungen interessiert ihn sehr. Es könnte für ihn immer so weitergehen.

Doch ein schreckliches Ereignis katapultiert ihn aus diesem Zustand heraus. Plötzlich oder unerwartet und vor allem unvorbereitet wird er arbeitslos! Und keiner will ihn mehr. Irgendwann kommt er zwangsläufig auf die Selbständigkeit, denn eigentlich kann er fachlich ja etwas. Er wird den Bankkredit scheuen wie der Teufel das Weihwasser. Und nicht nur das, sondern er wird auch jedem anderen Risiko aus dem Weg gehen.

Der Mitmacher

Der Mitmacher ist nicht Fisch und nicht Fleisch. Er kann oder will nicht weiter abhängig sein, sinnlose Dinge tun müssen, die Arbeitszeit bestimmt bekommen. Er fühlt sich nicht mehr sicher in seinem Job. Und vor allem: Er fühlt sich weder ausreichend anerkannt noch geschätzt und verdient zu wenig für seine Leistung. Irgendwann springt er, vielleicht aus Angst, dass er sonst zu einem für ihn schlechten Zeitpunkt gestoßen wird. Doch die grenzenlose Freiheit ist auch nicht seins. Dafür fühlt er sich zu unerfahren. Sein Realismus zeigt ihm Grenzen auf.

Der Mitmacher ist der Prototyp für die risikoreduzierte Gründung ohne Bankkredit, wird aber nach Halt und Sicherheit suchen. Vielleicht gründet er als Franchiser, als Subunternehmer, als Mitmacher in einem anderen Unternehmen oder als Mitmacher in einem Unternehmerteam. Vielleicht versucht er auch nebenberuflich zu starten. Etwas behütet also. Dosierte Freiheit.

Die meisten Gründer sind in einem Alter, in dem sich grundlegendes Verhalten und Einstellungen kaum noch ändern. Vielleicht wird aus dem Helfer mit zunehmendem Erfolg ein Mitmacher. Vielleicht mutiert der Mitmacher ein wenig zum Macher. Doch dies wären schon sehr große Veränderungen, die selten dauerhaft sind. Gerade in der Krise ist der Rückfall vorprogrammiert. Doch unabhängig vom Typ stehen alle Gründer vor der Aufgabe, möglichst schnell Kunden zu gewinnen.

Schneller rein in die Gewinnzone

Je schneller Sie an Ihre Kunden kommen, umso geringer ist Ihr Kapitalbedarf und umso geringer das Risiko. Daher ist es wichtig, die Kunden und den Markt zu kennen. Aber auch beim Verkaufen selbst können Sie etwas dafür tun, dass Sie den Break-even schneller erreichen.

Warmstarter und Kaltstarter

Entscheidend für die Zeitdauer bis zur Marktdurchdringung ist die Kontaktwärme des Gründers, zum Beispiel in Bezug auf Kunden, Partner und Lieferanten.

Warmstarter kennen ihre Branche gut. Sie kommen aus der Region, in der ihre Kunden sitzen. Zudem bringen sie vielleicht Kunden mit, die sie früher als Angestellte oder Schwarzarbeiter bedient haben. Sie wissen, was wann wo zu welchen Bedingungen beziehbar und vermarktbar ist. Je wärmer, desto problemloser der Start.

Kaltstarter sind oft Quereinsteiger. Sie kommen aus anderen Regionen, kennen die Branche nur theoretisch, etwa wie der Kneipenstammgast die Gastronomie, und haben kaum oder nur scheinbare Kundenkontakte. Wenn diese Gründer auch noch zu wenig Kapital zur Verfügung haben, erreichen sie kaum ihr Ziel. Symptomatisch für die vorgelegten Konzepte ist viel leeres Gerede über „Kooperation" sowie hemmungsloses Vertrauen in ungerichtete Werbemaßnahmen und unsystematische Kaltakquise. Zudem sprechen sie selten die Sprache ihrer Kunden. Wir raten Kaltgründern, zunächst mindestens einen Monat lang ein Praktikum in der gleichen oder in einer verwandten Branche zu machen.

Beispiel: Eine junge Gründerin hatte einen brillanten Studienabschluss als Germanistin hingelegt. Sie wollte sich danach mit einer Buchhandlung selbständig machen. Wir konnten sie zu einem Dreimonatspraktikum in zwei verschiedenen Buchhandlungen überreden. Sie musste zunächst Pappe bündeln, Regale wischen und Bücher schleppen – und begann uns zu hassen. Doch nach und nach kam sie an die Kunden heran. Und an die anderen Buchhändler. Sogar die Chefs klagten ihr plötzlich ihr Leid. So erfuhr sie unendlich viel von Dingen, die nicht in Büchern stehen. Und sie lernte, was Kunden wirklich wollen. Wenn sie heute ein Bewerbungsgespräch wegen einer Lehrstelle führt, lässt sie die Bewerber erst einmal Pappe kleinmachen. Ihr Resümee: „Ich war früher ganz schön naiv."

Doch gute Kundenkontakte allein reichen nicht aus, um schnell Geld zu verdienen. Das ist aber gerade für Gründer wichtig, die mit wenig Kapital starten.

Minimieren Sie die fixen Kosten

Wie beim Verletzten der Blutverlust ist beim Gründer der Kapitalverzehr entscheidend für die Überlebenschancen. Kapital wird so lange verzehrt, wie die fixen Kosten höher sind als die Deckungsbeiträge. Hat man den Break-even-Umsatz erreicht, läuft das Geschäft ohne Kapitalverzehr oder Gewinn strömt wieder zurück. Eine risikoreduzierte

Gründung zeichnet sich dadurch aus, dass der Break-even-Umsatz möglichst niedrig liegt. Wie Sie hier ansetzen können, zeigen die folgenden Ausführungen.

Bei der Ausstattung sparen

Wie schon in Kapitel 2 beschrieben: Setzen Sie auf Gebrauchtgeräte, Teilzeitkräfte, mieten statt kaufen, die gemeinsame Nutzung von Gerätschaften, optimierte Flächennutzung, oder lassen Sie schlichtweg andere zahlen (zum Beispiel den Apotheker die Miete für den Arzt, die Brauerei für Tische und Bänke in der Gastronomie mit den genannten Einschränkungen).

Beispiel: Absolute Sparbrötchen ist der Franchiser eines Pizza-Lieferdienstes. Ihnen sind sogar noch die vorbildlichen Liefer-Smarts zu teuer, daher sind ihre Auslieferer auf Rollern und Fahrrädern unterwegs.

Den Deckungsbeitrag erhöhen

Der Deckungsbeitrag ist die Differenz zwischen dem Verkaufspreis (netto) und den variablen Kosten.

Beispiel: Bleiben wir bei der Pizza: Wenn sie fünf Euro netto kostet (also für fünf Euro plus Umsatzsteuer verkauft wird), liegen die variablen Kosten für Teig und Belag bei 0,80 Euro und die variablen Handlingkosten von Bestellung bis Auslieferung vielleicht bei 1,20 Euro. Das macht insgesamt zwei Euro. Ergo bleiben drei Euro Deckungsbeitrag, das bleibt zur Deckung der fixen Kosten übrig.

Wie kann denn ein Gründer den Deckungsbeitrag erhöhen? Noch weniger als unser Franchiser auf die Pizza zu legen wird vom Kunden kaum noch akzeptiert werden. Bei ihm wird schon mit einer Küchenwaage grammgenau knapp abgewogen. Billigere Rohstoffe einzukaufen als eine Franchisekette ist für einen Neugründer oft auch schwierig, zumal er nicht über die notwendigen Mengen im Einkauf bessere Konditionen erwirken kann. Bei den Lieferkosten zu sparen heißt, auf Arbeitskräfte zurückgreifen zu müssen, die weniger zuverlässig, sauber und höflich sind oder noch weniger Deutsch können. Eine sehr kurzsichtige Lösung – meistens. Bleibt nur die Preisschraube: Auch teurer verkaufen bringt mehr Deckungsbeitrag. Allerdings muss man dann auch einen Nutzen bieten, den der Kunde zu zahlen bereit ist. Der Königsweg liegt meistens in der Preisdifferenzierung: Hier könnten das günstige Standardpizzen und exotische Kreationen mit deftigen Aufschlägen sein:

Fixe Kosten: 9.000 Euro/Monat
Verkaufspreis: 5 Euro/Pizza
Variable Kosten: 2 Euro netto/Pizza
Deckungsbeitrag: 3 Euro netto

$$\text{Break-even-Point} = \frac{\text{fixe Kosten} = 9.000\,\text{Euro}}{\text{Deckungsbeitrag} = 3\,\text{Euro}} = 3.000\,\text{Pizzen/Monat}$$

Durch risikoreduzierende Maßnahmen senken wir die fixen Kosten auf 7.000 Euro, mit cleverer Produktpolitik und Verkaufstalent steigern wir den durchschnittlichen Verkaufspreis je Pizza auf sechs Euro. Dabei erhöhen sich sicher auch die variablen Kosten, vielleicht auf 2,50 Euro. Immerhin, der Deckungsbeitrag liegt jetzt bei 3,50 Euro. Daher:

$$\text{Neuer Break-even-Point} = \frac{\text{fixe Kosten} = 7.000\,\text{Euro}}{\text{Deckungsbeitrag} = 350\,\text{Euro}} = 2.000\,\text{Pizzen/Monat}$$

Der Gründer muss rund ein Drittel weniger Pizzen verkaufen, um den Break-even zu erreichen. Das verkürzt die Anlaufzeit, das ist die Zeitspanne des Kapitalverlusts, erheblich und lässt auch Gründungen mit geringerer Kapitaldecke möglich werden. Kümmern Sie sich also um alle denkbaren Möglichkeiten, wie Sie den Kapitalverzehr bei Ihrer Gründung minimieren können.

Wann kommt endlich Geld aufs Konto?

Eine weitere Voraussetzung, dass Ihre Gründung trägt: Die Kunden müssen auch zahlen. Gründer sind die häufigsten Opfer von Spät- oder Nichtzahlern. Warum? Weil sie zu wenig Erfahrung in der Früherkennung dieser Spezies haben. Das ist schlecht! Denn gerade Gründer ohne Bankkredit können sich lange Wartezeiten bis zur Bezahlung oder gar Zahlungsausfälle kaum leisten.

Außenstände

Kunden nützen dem kapitalschwachen Gründer wenig, solange sie nicht zahlen. Die besten Geschäfte sind daher die Bargeschäfte. Das Geld fließt sofort in die Kasse, es besteht daher kein Ausfallrisiko (leider aber dafür das Risiko, diebischem Personal zum Opfer zu fallen). Das sind immer wichtiger werdende Vorteile. Doch es gibt nur recht wenige Branchen, vornehmlich im Bereich des Handels, in denen Barzahlung üblich ist. Also müssen alle anderen Gründer mit zögerlichem Zahlungsfluss rechnen und diesen einkalkulieren.

Eine in den meisten Liquiditätsrechnungen maßlos unterschätzte Größe ist die Zeitdauer, bis Kunden die Außenstände bezahlen. Gründer mit schmalem Geldbeutel sind auf schnelle Zahlung angewiesen, doch herrscht hier Naivität in den Köpfen.

Aus der Praxis

Schnelle Zahlungen?

Der blonde Tischler mit den tollen blauen Augen lässt diese über seine Bilanz gleiten. Spontan kommt ihm eine Erkenntnis: „Du! Wenn alle unsere Kunden ihre Rechnungen zahlen würden, dann bräuchten wir keinen Bankkredit!" Unsere frustrierende und frustrierte Antwort: „Und wenn du im Gegenzug alle deine Lieferanten bezahlen würdest, bräuchten wir einen deutlich höheren Bankkredit!"

Und das, nachdem der Betreffende schon fünf Jahre Selbständigkeit hinter sich hatte. Eine Ausnahme? Nö. Es sind zwei Faktoren, die die Zeit bis zur Zahlung beeinflussen: die Branche und natürlich der Kunde.

Branche

Wohl dem, der ein Ladengeschäft hat. Denn da wird meistens bar bezahlt. Bei Gaststätten wird es schon schwieriger. Man denke nur an die berühmten „Deckel". Im Dienstleistungsgewerbe ist es häufig üblich, Rechnungen zu stellen. Eher schlimmer ist es im Handwerk, denn da gibt man Material aus der Hand, bevor bezahlt wird. Bei der Auftragsfertigung dagegen verbessert sich die Lage schon wieder, da hier Anzahlungen üblich und durchsetzbar sind.

Das Problem: Sie dürfen sich als Gründer selten branchenuntypisch verhalten, sondern müssen sich den herrschenden Zahlungsgewohnheiten beugen. Denn warum sollte ein Kunde bei Ihnen direkt oder schneller bezahlen als anderswo? Dazu bräuchte es eine erhebliche Motivation in Form einer besonderen Leistung. Mitleid oder fromme Sprüche reichen da nicht wirklich. Was also tun? Im Regelfall sollten Sie nur Aufträge annehmen, die Sie bis zur Zahlung vorfinanzieren können.

Zahlverhalten der Kunden

Es gibt Kunden, die stets schnell zahlen, und andere, die das nicht wollen oder nicht können. Der Neugründer zieht die Problemkunden zunächst an, denn sie vagabundieren weit häufiger als andere. Eines der Probleme, die sie mitbringen, ist ihre geringe Zahlungsbereitschaft oder gar Zahlungsfähigkeit.

Die Zahlungsbereitschaft lässt sich verbessern, wenn Sie die Ursache für ihre Mängel erkennen. Ist es ein Sport, Schlamperei, Geiz oder die Rache für lahme Leistungen Ihrerseits? Nach einer sensiblen Analyse, die zeigt, wie der Kunde wirklich tickt, gibt es eine Fülle an Maßnahmen, dessen Zahlungsbereitschaft zu erhöhen. Wir denken da nicht an das oft propagierte Skonto. Denn das appelliert uns allzu sehr an die Ratio. Wir denken an Nachkaufbetreuung.

Beispiel

Anruf am Tag nach dem Kauf

Der ehemalige Mediamarkt-Verkäufer Tobi eröffnet einen eigenen Laden mit Elektrogroßgeräten. Er will den Kunden zeigen, dass es keineswegs blöde ist, bei ihm zu kaufen. So setzt er auf Service. Ist eine Waschmaschine ausgeliefert, wird der Kunde sofort am nächsten Tag angerufen, um dessen Zufriedenheit mit Gerät und Anlieferservice zu erfragen. Ist er Karteikunde, kann er auf Rechnung zahlen. Und so ganz nebenbei fällt im Telefonat der Satz: „Dann freuen wir uns auf Ihre Zahlung nächste Woche."

Bis auf ganz wenige Fälle, in denen bewusst die Absicht besteht, den Lieferanten zu schädigen oder gar zu prellen, verhindert die emotionale Nähe den Zahlungsverzug. Wenn jemand aber gar nicht zahlen will, hilft nur die klare Entscheidung: „Kunden, die sich so verhalten, will ich nicht!" Nun denn, wenn es bessere gibt.

Kunden mit mangelnder Zahlungsfähigkeit sind eher schwierig im Umgang. Bei ihnen ist das Geld knapp, oder sie sind gar Betrüger – der Übergang ist hier manchmal fließend. Wenn ein Kunde nicht zahlen will, dann hat er in Deutschland recht gute Chancen. Für den Gläubiger sieht es dagegen sehr schlecht aus. Auch hier ist der Rechtsweg der Holzweg, der viel Zeit, Nerven und Geld kostet und nach Jahren bestenfalls in einem Vergleich endet. Weit effizienter ist da die Do-it-yourself-Methode: hingehen, fragen, fordern!

Der Gründer steht vor mehreren Hürden. Zum einen tarnen solche Kunden ihre Geldprobleme sehr geschickt. Zum anderen fehlt ihm die notwendige Erfahrung bei der Früherkennung. Nur erfahrene Ärzte schaffen es, recht schnell eine treffsichere Diagnose zu stellen. Gründer dagegen ähneln Sektenmitgliedern, sie glauben viel und gern. Der Kunde lockt, der Kunde schmeichelt, und er tritt sehr selbstsicher und mit gepflegtem Background in Erscheinung. Soll man so jemanden durch Misstrauen brüskieren? Erfahrene Gründer sind da weiter. Aber wie werden Sie zum erfahrenen Gründer, ohne zu viel und daher für Ihr Unternehmen tödlich viel Lehrgeld zu zahlen? Zunächst hilft oft das Bauchgefühl, das vor allem bei Frauen ausgeprägt ist.

Aus der Praxis

Das Bauchgefühl

Im Rahmen eines Gründerpreiswettbewerbs besuchten wir einen smarten IT-Portal-Dienstleister. Er überzeugte alle, bis auf das weibliche Jurymitglied. „Der kommt mir vor wie ein Hochstapler." Mit dieser Aussage erzwang sie intensivere Hintergrundrecherchen und ersparte uns Männern eine böse Blamage.

Wer sich als Mann nicht sicher fühlt, kann immer noch eine Frau als Beobachterin hinzuziehen. Das lohnt natürlich nur bei größeren Aufträgen und damit größeren Risiken. Wichtig ist dabei, dass Sie Zeit gewinnen, um Hintergrundrecherche zu betreiben, nachzudenken und branchenintern nachzufragen. Oft hilft es auch, den Kunden überraschend, aber dienstbeflissen vor Ort heimzusuchen. Da lässt sich oft sehr, sehr viel erkennen. Als ich zum Beispiel ein neues Auto bestellen wollte, lehnte ich die Anzahlung ab. Der Verkäufer akzeptierte das. Einen Tag später stand er vor meiner Haustür, um mir vergessenes Prospektmaterial zu bringen …

Problematisch ist es, wenn der Kunde eine GmbH, eine kleine AG oder eine Limited vorschiebt. Da ist Misstrauen angebracht. Aber das gleiche Misstrauen trifft auch den Gründer selbst, der eine dieser Rechtsformen wählt. Bleiben Sie auf jeden Fall wachsam, denn clevere Betrüger haben viele gute Tricks.

Aus der Praxis

Der Stoßbetrüger

Er vergibt mehrere kleine Aufträge, zahlt stets bar, lobt und ist in jeder Hinsicht angenehm. Dieser Musterkunde baut Vertrauen auf, das er dann nutzt, um einen großen Auftrag abzuschließen. Eine tolle Gelegenheit, alles muss ganz schnell gehen. „Schaffen Sie das?", fragt der Kunde den Gründer. Und: „Aber da brauche ich vier Wochen Zahlungsziel." Das klingt nachvollziehbar und seriös. Doch es ist das letzte Geschäft, das er mit dem Gründer macht.

Aufträge von Stadt und Amt

Außenstände belasten die Liquidität und mit jedem Monat, der vergeht, auch die Nerven. Angst kommt auf: Zahlt der Kunde überhaupt noch? Denn bei einem Zahlungsausfall wird das Liquiditätsproblem schnell zum Rentabilitätsproblem. Vor diesem Hintergrund ist das meist im Handwerk gehörte Gejammer über den bösen Staat, der so langsam zahlt, töricht bis dummdreist. Gibt es denn einen sichereren Schuldner? Zahlt der Staat in vier Wochen nicht, dann in acht oder in zwölf Wochen. Aber er zahlt! Die nackte Angst entfällt also. Zudem weiß jeder, der mit dem Staat Geschäfte macht, dass das so ist. Und wer es sich nicht leisten kann, die übliche Zeit bis zur Zahlung zu warten, darf eben mit Behörden keine Geschäfte machen. Zum Trost kann er ja eine Partei wählen, die Bürokratieabbau verspricht.

Großkunden/Konzerne

Stolz erzählt der Gründer am Stammtisch: „Heute habe ich Großwild gejagt." Doch erlegt er den Großkunden oder der Großkunde ihn? Irrig ist jedenfalls die Ansicht: je größer ein Auftraggeber, desto seriöser. Vernünftige Gründer sind realistischer. Warum gibt der Bauträger ausgerechnet dem kleinen Handwerker den großen Auftrag? Nur wegen des Preises? Wir erleben selten, dass das gut endet. Entweder kann der Gründer den Auftrag finanziell und organisatorisch nicht bewältigen, oder der Großkunde geruht, die Zahlung zu verzögern und zu verringern, so er denn überhaupt je zahlen wird. Er ist Profi im Liquiditätsbeschaffen über Handwerker. Ausgeschlossen, dass der kleine Gründer den Spieß umdrehen kann.

Konzerne mögen ja seriöser sein, aber sie haben oft eine Bürokratie, die der des Staates ähnelt. Daher: Für kapitalschwache Gründer sind weder Großaufträge noch Konzerne Möglichkeiten, die Überlebenskraft ihres Unternehmens zu stärken. Im Gegenteil: Die alte Dame, die die Küche gestrichen bekommen will, die ist es. Denn sie zahlt sofort und bar. Und Trinkgeld oder eine Flasche Kröver Nacktarsch lieblich gibt's oft noch dazu.

5. Wunderwaffe Produktivität

Plötzlich kommen sie in Scharen, die Kunden, und der Gründer reagiert mit einer Mischung aus Euphorie und Panik. Er hat seine Strukturen gar nicht darauf ausgerichtet, schließlich musste er mit wenig Kapital und daher auch wenig Ausstattung starten. Und er hat sich inzwischen auch mit dem langsameren Tempo angefreundet, es geht ja auch so. Doch was jetzt? Schnell handeln? Geld beschaffen, investieren, neues Personal einstellen? Gemach, gemach!

Selten strömen die Kunden so schnell herbei, wie es sich Gründer wünschen. Die meisten Businesspläne sind daher allzu optimistisch. Doch realistisch geplant ist der langsame Start häufig gar kein Nachteil. Gerade am Anfang machen die Newcomer die meisten Fehler und Versprecher. Und das muss nicht unbedingt vor vollem Haus aufgeführt werden.

Aber: Je langsamer die Kunden eintrudeln, desto unorganisierter bleiben die Strukturen. Dabei kann es doch so einfach sein. Ein erfahrener Unternehmer hat einmal die Weisheit ausgesprochen: „Öffne die Augen – oder öffne die Geldbörse." Wir möchten uns auf die Augen konzentrieren. Und die sehen drei Wege, um die Produktivität zu erhöhen. Ganz ohne neues Geld auszugeben: Umstrukturierung, Ordnung, Positionierung.

Zeit nutzen statt Zeit kaufen

Der Gründer hat sich den Tag so wunderschön eingerichtet, genau wie seine Mitarbeiter. Da es – nach der Euphorie der ersten Monate – nicht wirklich stressig wurde, entwickelten sich Arbeitsstrukturen, die alles andere als produktiv sind. Wie das in der Praxis läuft, haben wir im Phasenschema einer Existenzgründung skizziert (siehe Anhang).

Wenn Sie jetzt weiteres Personal suchen, dann werden sich die Neuen sehr schnell an die herrschenden Strukturen anpassen, und alle gemeinsam kultivieren den unproduktiven Umgang mit der Arbeitszeit. Außerdem fordern neue Mitarbeiter zunächst Zeit, vor allem die Zeit des Unternehmers. Da ist erst einmal die Personalsuche: Die meisten Gründer stellen fest, dass der Arbeitsmarkt gar nicht so flexibel und ergiebig ist, wie sie sich das dachten. Dass sie zu wenig Erfahrung und Kontakte haben. Und dass sie fälschlich glaubten, das Arbeitsamt sei die beste Quelle für Personal. Darauf folgen die Bewerbungsgespräche, danach ein Bündel von Einstellungsbürokratie, dann die Einarbeitung. Hinzu kommt das Risiko, dass der neue Mitarbeiter doch nicht geeignet ist und das ganze Procedere von neuem beginnt. Und das alles unter Druck. Selbst im positiven Fall dauert es einige Zeit, bis der neu eingestellte Mitarbeiter warmgearbeitet und daher produktiv ist.

Weiteres Augenmerk muss der Frage gewidmet werden: Boomt unser Geschäft dauerhaft, oder handelt es sich nur um einen vorübergehenden Hype? Können wir die neuen Kunden längerfristig an uns binden? Wer hat dafür die besten Chancen: der Gründer und die schon erfahrenen Mitarbeiter oder die neuen, vielleicht noch unsicheren? All diese Zweifel und Risiken können Sie als Gründer nicht gebrauchen. Doch was ist die Alternative? Ganz einfach, die gnadenlose Umstrukturierung des Betriebs.

Beispiel: Bisher ging es beim Fensterbauer K. in Mainz gemütlich zu: Zwischen 7:00 Uhr und 7:30 Uhr trudelten Chef und Mitarbeiter ein, tranken Kaffee und hielten die Arbeitsbesprechung ab. Dann wurden die Fahrzeuge beladen, und es ging zum Kunden. Meistens fehlte Material, das holte zwischendurch der Lehrling im Baumarkt. Da die Mitarbeiter zu spät losfuhren, gerieten sie regelmäßig in Staus. Das führte dazu, dass die den Kunden avisierten 8:00-Uhr-Termine nie gehalten wurden.

Der Kundenboom wurde durch ein regionales Lärmschutzprogramm ausgelöst. Plötzlich wollten alle Hausbesitzer neue Fenster. Die Reorganisation traf die Mitarbeiter hart. Die neue Freundin des Unternehmers – im Speditionsgewerbe ausgebildet – nahm die Sache in die Hand. Ab sofort mussten Chef und Lehrling die Fahrzeuge bereits am Vorabend beladen. Dabei halfen Materiallisten, die der Disponent zu erstellen hatte. Den Kaffee gab es ab jetzt in Thermoskannen mit auf die Fahrt, zusammen mit frischbelegten Brötchen. Es wurde ein 8:00-Uhr-Versprechen eingeführt (pünktlich beim Kunden) und das Einhalten mit einer Prämie belohnt. Das legendäre Handwerkerfrühstück durfte nur noch auf der Baustelle eingenommen werden. Allein durch diese kleinen Maßnahmen erhöhte sich die Zeitproduktivität von 35 auf 50 Prozent.

Der Begriff „Zeitproduktivität" bezeichnet den Teil der bezahlten Arbeitskraft, der auch an den Kunden verkauft werden kann.

$$\frac{\text{Vom Kunden bezahlte Zeit}}{\text{Vom Unternehmer bezahlte Zeit}} = \text{Arbeitszeitproduktivität}$$

$$\frac{120 \text{ Stunden}}{240 \text{ Stunden}} \times 100 = 50 \text{ Prozent}$$

Um die Maßnahmen im Fensterbaubetrieb dauerhaft zu verankern, folgte die Freundin des Gründers den Lehren des Nürnberger Gastro-Gurus Klaus Kobjoll: messen, messen, messen! Denn Ziele bleiben hohle Hüllen, wenn sie nicht in eindeutige Zahlen gegossen, gemessen und dann auch gnadenlos offen kommuniziert werden. Nicht alle Mitarbeiter verkraften solche nachträglichen Umstellungen. Doch schadet es sehr, den einen oder anderen gegen einen Subunternehmer auszutauschen? Seien Sie nicht zu zimperlich. Die Entlassung eines Mitarbeiters, der einfach nicht in den Kleinbetrieb passt, verbessert oft die Leistungsmoral.

Schaffen Sie Ordnung

„Räumt doch erst mal auf!", rufen Schuldnerberater wie Peter Zwegat den hochverschuldeten Kleinunternehmern in den wöchentlichen TV-Soaps zu. Sie meinen damit nicht nur die Geschäftspapiere. Aber erhöht Aufräumen die Produktivität? Oh ja, sogar auf zwei Arten: direkt, weil es die Arbeitsabläufe beschleunigt, und indirekt, weil es im Kopf klare Strukturen schafft. Gerade bei risikoreduzierten Gründern ist Platzsparen Pflicht. Warum es also überhaupt erst zum Chaos kommen lassen?

Jede risikoreduzierte Gründung bringt es mit sich, dass der Gründer Raumkosten sparen muss. Platz ist deshalb rar. Unvermeidbar. Aber es kommt noch schlimmer: Nicht nur Messies, sondern auch Gründer müllen ihre Räume über kurz oder lang bis zur kritischen Grenze zu. Das Ergebnis: Platznot extrem.

Wer sein Unternehmen von zu Hause aus betreibt, leidet meistens sofort unter der Enge. Schließlich hat er den verfügbaren Raum schon vorher mühelos gefüllt – und zwar ganz ohne Business. Wenn noch nicht einmal ein abgegrenzter Raum vorhanden ist, vermischen sich Privatsphäre und Arbeit besonders stark. Platz jedoch ist stets als ein Produktivfaktor zu betrachten.

Platz spart Arbeitszeit

Es gibt kein umständliches Räumen und Hantieren, wenn Ablageflächen belegt bleiben können und der Platz nicht sofort für das nächste Projekt geräumt werden muss. Hilfreich ist es auch, wenn die Möglichkeit besteht, Geräte fest installiert stehen zu lassen, statt sie nach jedem Gebrauch verstauen zu müssen. Das gilt im Unternehmen genauso wie privat in der Küche. Zeitersparnis bedeutet dann Personalkostenreduzierung.

Aus der Praxis

Wetterabhängige Fertigung

Die inek Solar AG werkelte jahrelang in einem Rüsselsheimer Siedlungshaus. Die Garage war das Lager für die Fotovoltaikmodule. Und vormontiert wurde im Garten – wetterabhängig! Welche Wohltat ist es, heute in der Halle im neuen Sonnenwerk in Bischofsheim zu arbeiten. Die Produktivität, das heißt die Montageeinheiten pro Zeiteinsatz, hat sich mehr als verdoppelt.

Platz spart Geld

Nutzen wir unseren Platz produktiv, kann das zusätzlich die Einkaufskosten reduzieren. Zum einen ist das so, da sich durch höhere Lagerkapazitäten die Bestellmengen optimieren lassen. Zum anderen lässt sich durch gute Übersicht der Mehrfachkauf vermeiden, der oft mit Unordnung korrespondiert. Denn allzu oft wird nach dem Motto gehandelt: schneller gekauft als gesucht!

Gut für die Psyche

Die meisten Menschen lieben Bewegungsfreiheit. Großzügige Räume beflügeln nicht nur Innenarchitekten. Daher ist bei wenig Platz Ordnungsliebe eine zwingende Voraussetzung, um die Operationsfähigkeit zu erhalten.

Kundeneindruck

Der beengte Gründer versucht, Besuche von Kunden unter allen Umständen zu vermeiden, weil er sich schämt. Und nicht ganz zu Unrecht. Denn die meisten Kunden schließen von der Räumlichkeit auf die Leistungsfähigkeit des Unternehmens: „Oh je, ein Krauterer." Kundenbesuche zu unterbinden, verhindert jedoch oft auch, dass Aufträge abgeschlossen werden.

Beispiel: Der Innenarchitektin O. gelang es selten, aus den Erstgesprächen heraus Aufträge zu generieren. So etwas belastet psychisch. Zweifel kamen auf: Bin ich zu teuer, bin ich zu schlecht? Nein, der Grund war ein anderer. Sie traf sich mit den Kunden in Cafés, denn die Zweizimmerwohnung, die sie nach der Scheidung mit ihrem Kind bezogen hatte, war nicht vorzeigbar. Kunden wollen aber sehen, wie Innenarchitekten wohnen, oder zumindest, wo sie arbeiten. Schlechte Chancen für alle, die das nicht bieten können.

Aktion „eiserner Besen"

Falls Sie als Gründer nicht über einen leerstehenden Bauernhof verfügen, ist radikale Selbstbeschränkung nötig.

Beispiel: Eine adelige PR-Frau bewohnt ein großzügiges Einzimmerappartement in der City. Es ist streng büromäßig eingerichtet. Die wenigen persönlichen Utensilien wandern zusammen mit der Matratze jeden Morgen in den Besenschrank. So kann sie ihre Kunden empfangen – und die Wohnungsmiete als Bürokosten steuerlich geltend machen. Denn offiziell wohnt die Freifrau noch bei Muttern.

So weit möchte sich gewiss nicht jeder einschränken. Aber mit eisernem Besen ausmisten, sowohl vor der Gründung als auch routinemäßig jedes Jahr einmal – und nicht nur beim Umzug –, könnte vieles verbessern.

Positionierung als Produktivitätsfaktor

Kaum ein Gründer traut sich, sein Unternehmen klar zu positionieren. Da kann der Berater mit Engelszungen reden, es scheint einfach gegen seine Logik zu gehen. Warum soll ich mit einem sehr schmalen Waren- oder Dienstleistungsangebot mehr Kunden gewinnen können als mit einem breiten Angebot? Gründer unterliegen dem Irrglauben: Je breiter das Angebot, umso mehr Kunden bekomme ich und umso höher ist der Umsatz. Und so sind sie schon von Beginn an viel zu breit aufgestellt. Triebfeder ist die Angst. So bietet der Jungarchitekt Altbausanierung, ökologisches Bauen und notfalls sogar die Planung von Brücken an – neben den „normalen" Neubauplanungen –, statt sich auf eines von vielen zu konzentrieren. Er hätte doch alle Chancen der Welt: Er kann sich eine Marktnische suchen, eindeutig positionieren, Experte werden, in die Tiefe gehen statt in die Breite und seine Positionierung dann gnadenlos kommunizieren.

„Aber wenn ich mich auf die Planung von Baumhäusern reduziere und das auch noch groß propagiere, schrecke ich doch alle anderen Kunden ab und kann von Baumhäusern nicht leben!" Vielleicht sogar besser als alle Wald- und Wiesenarchitekten drum herum! Denn wie gering ist die Konkurrenz in dieser Nische, und wie hoch ist die Arbeitsproduktivität, wenn man sein Handwerk beherrscht – von der Qualität ganz zu schweigen.

Nicht nur Architekten verhalten sich so. Positionierung scheint allgemein Teufelswerk zu sein. Häufig tragen auch die Kunden dazu bei, dass das Angebot noch weiter in die Breite geht. Und der Gründer wehrt sich nicht. Im Handel: „Haben Sie auch …?" Im Dienstleistungsbereich: „Können Sie auch …?" „Klar habe ich." „Klar kann ich." Ich hab's ja schließlich gelernt, vielleicht sogar studiert! Seltsame Argumente mit schlimmen Folgen.

Aus der Praxis

Nehmen, was man kriegen kann?

Der Junganwalt Z. hat den Unternehmer K. recht erfolgreich vor dem Verlust seines Führerscheins bewahrt. So hat sich ein Vertrauensverhältnis entwickelt. Klar, dass K. sofort wieder an Anwalt Z. denkt, als es Probleme mit der Angestellten gibt. Und auch die Namensrechtsklage eines Konkurrenten landet in der Kanzlei. Z. nimmt, was er kriegen kann. Schließlich braucht er das Geld. Ach hätte er nur den Mut, nein zu sagen. Stattdessen lässt er sich vom Kundenbedürfnis durch die Rechtsgebiete jagen, was mit hohem Risiko für Prozesserfolg und Produktivität verbunden ist. Vergeigt er einen Prozess, ist es mit dem Vertrauen schnell vorbei. Und die Wahrscheinlichkeit dafür ist groß. Spätestens, wenn er auf der Gegenseite auf einen positionierten Anwalt trifft.

Oft gehört: „Aber ein Anwalt kann sich doch in jedes Rechtsgebiet einarbeiten." Vielleicht, doch mit welchem Aufwand und welchen fatalen Folgen für die Arbeitszeitproduktivität. Und Anwälte bekommen im Regelfall nicht die Arbeitszeit bezahlt, sondern ermitteln ihre Anwaltsgebühren nach dem Streitwert.

Doch was wäre die Alternative? Die Weiterempfehlung! Nichts schafft mehr Vertrauen, als einen Auftrag abzulehnen. Dazu bedarf es jedoch eines Netzwerks aus Spezialisten. Und der Lohn der klugen Tat? Provisionen? Viel angenehmer, wenn sich die gegenseitige Kundenvermittlung die Waage hält. Weiterempfehlung ist übrigens auch im Handel möglich und sinnvoll.

Beispiel: Ein Lotto-, Schreibwaren- und Zeitschriftengeschäft in Hochheim am Main führt ein Sortiment an Glückwunschkarten – im Niedrigpreissegment. Die Design-Buchhandlung gegenüber konzentriert sich dagegen auf ein kleines Sortiment hochwertiger Karten. Statt Kunden zum Kauf von Karten zu überreden, die sie eigentlich gar nicht wollen, oder gar die Sortimentbreite auszuweiten, haben sich die beiden Ladeninhaberinnen dazu entschlossen, sich gegenseitig weiterzuempfehlen. Sie profitieren beide davon.

Kommen wir zurück zu unserem Gründer, bei dem plötzlich die Kunden Schlange stehen. Wann, wenn nicht jetzt, hat er die Chance, sich zu positionieren? Das Argument „Angst vor Hunger" entfällt plötzlich. Er kann sich

- auf die Dienstleistung, die ihm wirklich liegt,
- auf die Kunden, die er wirklich mag, oder
- auf die Produkte, die ihn selbst wirklich überzeugen,

festlegen. Die Folgen: prächtiger Anstieg der Produktivität und hohe Glaubhaftigkeit. Denn wenn er als Experte für alles und jeden durch die Lande springt, nimmt ihn doch kein Kunde ernst. Funktioniert die Positionierung in jeder Branche? Ja, halten Sie nur die Augen auf und schalten Sie Ihr Hirn ein. Die folgende Tabelle hilft Ihnen dabei.

Unpositioniert	Positioniert
Wald- und Wiesenarchitekt	Planungsbüro für regenerative Energien
Sportstudio	Sportstudio für Kinder
Fitnesscenter	Rückenschule
Taxi	Disco-Taxi („Bring the kids home")
Sportgeschäft	Baseballstore
Unternehmensberater	Sanierungsberater
Stehimbiss	Best Worscht in Town
Pizza-Lieferservice	Blitzkurier: only for Sachsenhausen
Elektrofahrzeuge	Elektrofahrzeuge für Mobilitätseingeschränkte
Fahrschule	Seniorenfahrschule
Personalvermittler	Personalvermittler Gastronomie
Schreibbüro	SOS-Schreibbüro overnight

Was tun mit den Altkunden?

Neupositionierung bricht alte Gewohnheiten, die eigenen, aber auch die der Kunden. Während Ihrer Wald- und Wiesenzeit haben sich etliche Kunden in Produkte und Dienstleistungen verliebt, die Sie jetzt abschaffen wollen. Im schlimmsten Fall haben die Kunden sich in Sie verliebt. Dann wird jeder Rückzug als Liebesentzug empfunden. Da heißt es vor jeder Veränderung sehr genau nachzudenken und die Abnabelung ganz vorsichtig zu betreiben.

Beispiel: Kunden mit einer neuen Technik anfreunden

Die Zahnfräse-GmbH hat bisher Gebissabdrücke ihrer Kunden, der Zahnlabors, per Boten holen lassen, selbst gescannt und dann durch die überdimensionale CNC-Fräse gejagt. Der Lohn des Aufwands: perfekte Zahnkronen. Das neue Positionierungsziel ist jedoch, Deutschlands erstes digitales Zahnfräsezentrum zu werden. Das heißt, die Kunden müssen davon überzeugt werden, die Abdrücke in ihrem Zahnlabor selbst zu scannen. Das ist kein Teufelswerk. Aber auch hier herrschen Ängste. Sie müssen erkannt und mit entsprechenden Lösungen genommen werden, zum Beispiel:

- Kostenlose Schulung mit Rahmenprogramm
- Testscanner für Zahnlabor plus Vor-Ort-Support
- Rücknahmegarantie

- Finanzierungs-, Leasing- und Leihangebote für den Scanner
- Preis- und Tempoversprechen

Der Weg war steinig und schwer. Doch nach einem Jahr kam die Lawine ins Rutschen. 50 Prozent der Kunden mit 90 Prozent des Umsatzes senden heute Daten statt Gebiss.

Beispiel: Kunden auf neue Betreuer umstellen

Herr J., der Chef einer Schwimmschule, will sein Unternehmen als Schwimmakademie positionieren. Doch die Kunden hängen an ihm als Schwimmlehrer. Die sanfte Einführung neuer Lehrer, zunächst als Vertretung, ließen im Lauf von zwei Jahren J. so weit aus dem Wasser auftauchen, dass er sich seinem neuen Projekt widmen konnte.

Kunden an einen neuen Standort gewöhnen

Hörgeräte Kunz schließt seine drei alten Filialen, um sich mit einem hochmodernen Hör-Center neu zu positionieren. Er will seine vorwiegend ältere Kundschaft nicht verlieren, aber mit völlig neuem technischem Equipment auch jüngere Hörbehinderte gewinnen. Hier sind behutsames Vorgehen und gute Vorbereitung gefragt. Der Inhaber ließ sich einiges einfallen: Besichtigung des neuen Standorts mit Limousinenabholservice, kostenlose Nutzung von Sonderparkplätzen in Behindertengröße, proaktive Telefonbetreuung durch die bekannten Bezugspersonen, Lieferservice nach Hause durch den bekannten Verkäufer inklusive mobiler Hörtestgeräte.

Das Ergebnis: 80 Prozent der Kunden konnten gehalten werden. Hätte jedoch parallel dazu auch das Personal gewechselt, wäre dieser Erfolg nicht möglich gewesen.

Die kurze, aber klare Botschaft, die diese Beispiele transportieren: Wer mit offenen Augen und viel Sensibilität bei der Neupositionierung vorgeht, wird kaum Kunden verlieren. Und er erreicht eine deutlich höhere Produktivität. Den Kunden als Blockadeargument gegen jede Erneuerung anzuführen, ist also ein Scheinargument.

6. Ist Zeit Geld und Geld Zeit?

Während die meisten Gründer schon von Kindesbeinen an gelernt haben, auf den eigenen Geldbeutel zu achten, verschleudern sie ihre Zeit. Und das in einem schier unvorstellbaren Ausmaß. Wir wollen die Erkenntnis fördern, dass Zeit tatsächlich Geld ist. Fragen Sie sich daher: Wie schätze ich mein Zeitpotenzial realistisch ein? Und wie schütze ich mich vor Zeitdieben? Dieses Wissen ist für kapitalschwache Gründer besonders wichtig!

Wodurch lässt sich Geld ersetzen?

Früher motivierten die Unteroffiziere ihre Untergebenen zum Ausbuddeln tieferer Schützengräben mit der Parole „Schweiß spart Blut". Übertragen wir dies nahtlos auf Gründer und regen die Arbeitsleistung an: Zeit spart Geld. Wer wenig Geld hat, kann sich eben keine zeitsparenden Investitionen leisten.

Aus der Praxis

Gute Umsätze

Der Besitzer des örtlichen Anhängerverleihs jubelte: „Die Ich-AGler bringen mir Umsätze wie noch nie." Ohne Kreditchancen müssten sich Garten- und Landschaftsbauer, Entrümpler und Transporteure immer, wenn sie einen Auftrag haben, bei ihm einen Anhänger leihen. Praktisch, aber aufwendig, vor allem zeitaufwendig. Denn was sich der ökologisch infizierte Nutzer des Carsharings zeitlich spielend leisten kann, kann für den Unternehmer schnell zum Engpassfaktor werden. Die für das Handling genutzte Zeit lässt sich nicht mehr ver-kaufen.

Wer wenig Geld hat, wird es sich aber auch kaum leisten können, die eigene Zeit mithilfe von Helfern einzusparen, sei es durch Personal oder die Vergabe von Arbeiten nach außen. „Du putzt selbst?", fragen entsetzte Freunde den Gründer. Wehe dem, der da noch wenig Selbstvertrauen hat.

Selbst putzen kann aber ebenso richtig wie falsch sein. Richtig ist es, wenn eben kein Geld für eine Reinigungskraft da ist. Falsch ist es, wenn genug Geld zur Verfügung steht, der Gründer jedoch zu unfähig oder zu geizig ist, um jemanden mit Putzen zu beauftragen. Unökonomisch ist das Selbstputzen in jedem Fall, denn die Zeit ist anderswo sicher vielfach besser investiert, am besten beim Kunden. Doch wer sich solche „Investitionen" nicht leisten kann, der muss sich eben unökonomisch verhalten.

Natürlich gibt es noch weitere Gründe, selbst zu putzen. „Mir macht es Spaß, und es entspannt mich." Nun gut, solange es nicht als Flucht vor Problemen dient. Buchen Sie diese Zeit dann aber bitte in jedem Fall als Freizeit!

Gründer mit schmalem Geldbeutel müssen nun einmal mehr oder effizienter arbeiten. Effizienz ist jedoch selten, denn sie setzt viel Erfahrung und Routineabläufe voraus. Also gilt die Formel: Zeit spart Geld. Sie darf jedoch nicht ewig gelten – sonst passiert das, was wir Body-Selling nennen.

Wie Sie Zeitdiebe erkennen

Die meisten Menschen achten mittlerweile auf ihr Geld. Es wird ja auch genügend vor Verlusten gewarnt, in der banalsten Form vor Diebstählen. Doch wer warnt vor Zeitdieben? Zeitdiebstahl ist einfach, effizient und nicht strafbar. Er wird daher auf allen Kommunikationsebenen und von vielen Tätern praktiziert: telefonisch, per E-Mail, durch Internet-Auftritte, an der EC-Kasse, im Formularwesen, bei Befragungen. Von Freunden, Nachbarn, Personal, der Bürokratie. Und auch von manchen Kunden – nennen wir sie Problemkunden.

Klar ist, dass der Gründer extrem viel Zeit in sein Unternehmen investieren muss. Daher sollte er seine Zeit, wo immer es geht, so einsetzen, dass hier kein Engpass entsteht. Konkret: Sparen Sie all die Zeit, in der Sie kein Geld erwirtschaften. Das betrifft wesentlich den privaten Bereich, jedoch ebenso die von Zeitdieben geraubten Stunden im Unternehmen.

Damit Ihre Auslastung keine extremen Formen annimmt, muss die Arbeitszeit budgetiert werden. Wir schlagen vor: Verwenden Sie maximal 50 Stunden pro Woche für die Gründung und halten Sie sich die Sonntage frei. „Nur 50 Stunden?" „Ja!" „Aber man liest doch immer von der 70- bis 80-Stunden-Woche der Gründer." Man sollte weder alles glauben noch allen Unsinn nachahmen.

Für den häuslichen Bereich gilt: Natürlich ist es hilfreich, wenn die Familie Entlastung bedeutet, statt zur Belastung zu werden. Aber es hat schon seinen Grund, warum Deutsche als Singles erfolgreicher gründen und Türken im Familienverband.

Die Zeit, die Sie an der Kasse bei Metro verbringen, ist jedoch stets vergeudete Zeit und damit vergeudetes Geld. Auch die folgenden Zeitdiebe sollten Sie kennen.

Steckbriefe der Zeitdiebe	
Zeitdiebe	**Diebstahlschutz**
Störende Telefonanrufe	Telefonservice
Endlose Telefongespräche	Uhr am Telefon
Familie	„Bitte-nicht-stören"-Schild an der Tür
Kunden, Lieferanten, Besucher	Empfangszeiten oder Vorzimmerdrachen
Wechselnde und ungenaue Prioritäten	Tages-, Monats- und Wochenziele
Kein täglicher Arbeitsplan	Rigider Tagesplan mit Nachsitzen
	A-Aufgaben = Muss
	B-Aufgaben = darf danach
	C-Aufgaben = nur nach 18:00 Uhr
Mitarbeiter bringen Sorgen mit	Gerne nach Feierabend

Tipp
Faustregeln

- Was Geld kostet, ist schlecht.
- Was Geld bringt, ist gut.
- Zeit muss Geld ersetzen.
- Wehret den Zeitdieben.

Achten Sie auf Phasen der Entspannung

Bei allen erfolgreichen Gründern mündet die Phase des Body Sellings unweigerlich darin, dass sie die Belastung reduzieren und Entspannung suchen. Das muss passieren, bevor die Startbatterie leer ist. Wunderbar, sich dann etwas leisten zu können und die Gleichung umzudrehen: Geld spart Zeit.

Aus der Praxis

Geld ausgeben – Zeit sparen

Unser Beratungsbüro, die AG Unternehmensgründung, konnte sich drei Jahre nach seiner Gründung 1987 einen Kopierer und ein Handy leisten. Das sparte ähnlich viel Zeit wie heute ein Telefonservice oder ein Navigationssystem. Und es machte uns froh und stolz.

Lassen Sie die Bürokratie in Ruhe schlafen

Die Bürokratie schläft und wird ungern geweckt. Der kapitalschwache Gründer sollte das beherzigen. Eine aus dem Schlaf gerissene Bürokratie wird rachsüchtig und frisst Unmengen an Zeit und oft auch einiges an Geld – zumindest in zweiter Linie. Doch warum wecken Gründer eigentlich die Bürokratie? Manchmal passiert es nur wegen eines Stempels: Vielleicht geht es um eine Zulassung, eine Baugenehmigung oder eine Bescheinigung. Das ist oft unumgänglich. Aber: Besser man erspart sich, was man sich ersparen kann.

Beispiele: Eine Vermieterin ist besonders schlau. Sie vermietet eine Halle in einem Mischgebiet an eine Autowerkstatt und schreibt in den Mietvertrag: „Die Halle wird als Pkw-Abstellhalle vermietet. Darüber hinausgehende Nutzungen muss der Mieter selbst beantragen." Na bravo, ein Nutzungsänderungsantrag im Mischgebiet. Das bedeutet: Befragung aller Nachbarn, Prüfungen und Auflagen. Das wird dauern und kosten. Da kann Harmloseres schon grauenhaft sein.

Ein von der Opel AG abgefundener Mitarbeiter will in einem denkmalgeschützten Haus, in dem zuvor ein Kino betrieben wurde, ein Sportstudio einrichten, vorwiegend im Eigenbau. Die volle Unterstützung des Vermieters hat er. Auf dem Weg über 17 Ämter und Genehmigungen verlor er fast den Verstand. Aber er hat es geschafft. Die Umbauarbeit war jedoch eine harmlose Belastung im Vergleich zum Behördenstress.

Wer solche Dinge in der Startphase vermeiden kann, sollte das lieber tun. Manch ein Gründer weckt die Bürokratie aber auch mutwillig, besser gesagt: aus Mangel an Mut.

Beispiel: In Zweibrücken wollte ein Zweiradhändler ein freistehendes Schild fest installieren lassen. Das sollte auf seinen Laden hinweisen, weil die Kunden den Eingang nicht fanden. Zwar sollte das Schild auf seinem Privatgrundstück stehen, aber eben im Innenstadtbereich. Und dafür gibt es eine Gestaltungssatzung, die solche Eingriffe genehmigungspflichtig macht.

Der nötige Bauantrag löste eine Lawine aus. Der Ladenbetreiber beantragte im September die Baugenehmigung und wollte rechtzeitig zum Weihnachtsgeschäft sein Schild aufgestellt haben. Und er schaffte es. Allerdings erst zum Weihnachtsgeschäft im Folgejahr.

Gründer ohne Angst machen es anders. Sie stellen das Schild einfach auf. Denn sie wissen: 200 Euro Buße, falls ein Beamter das Schild wirklich bemerken will, sind das maximale Risiko. Kurz und gut: Ein Macher informiert sich über die Wahrscheinlichkeit des Behördeneingriffs und die maximal wahrscheinlichste Strafe. Und dann entscheidet er. Angstfrei, aber vernünftig.

7. Manpower statt Money?

Häufig kommen sie zu zweit oder zu dritt. Selten sind es mehr. Teamgründer! Meistens waren sie schon beim Steuerberater, der dringend zur Gründung einer GmbH geraten hat, bevor sie sich an uns Berater wenden. Ob sie selbst die Idee hatten, es gemeinsam zu versuchen, oder ob die gewaltige Propaganda vieler Gründungshelfer sie dazu animierte? Wir wissen es nicht. Doch nur der kritische Vergleich von Wunsch und Wirklichkeit wird den Beteiligten dazu verhelfen, dass ihr Team wirklich erfolgreich werden kann.

Stimmen Wunsch und Wirklichkeit der Gründer überein?

Vor Strafgerichten wird eine intensive Motivforschung betrieben. Die Chance: ein deutlich geringeres Strafmaß. Gründerteams dagegen können für deutlich weniger Stress und deutlich bessere Erfolgsaussichten sorgen, wenn sie vorab ergründen, was sie eigentlich zusammentreibt.

Ein Lob der Teamgründung

Wer wagt es heutzutage, die Überlegenheit von Teamgründungen anzuzweifeln? Kaum jemand, überfluten doch die Apologeten dieser Gründungsform – häufig ideologisch garniert – seit Jahren die Medien mit entsprechenden Berichten. Und an der wissenschaftlichen Untermauerung fehlt es auch nicht. Weit weniger Gedanken werden daran verschwendet, was denn die Voraussetzungen für erfolgreiche Teams oder umgekehrt Gründe für das häufige Teamscheitern sind.

In Teams kommt einfach alles Gute zusammen: Kompetenz, Kraft, Knowhow, Kontakte und Kapital. Und wenn man das alles addiert, sinkt doch automatisch das Risiko des Scheiterns: das Team als Schlüssel zur risikoreduzierten Existenzgründung! Wir wollen die Betrachtungen nun auf unser Thema reduzieren: Erhöht eine Teamgründung die Chancen auf den Erfolg einer Gründung ohne Bank?

Partner als Mutmacher

Warum suchen Gründer Partner für den gemeinsamen Start? Rationale Gründe überwiegen zwar bei der Argumentation, aber zumeist sind sie nur vorgeschoben. Vielmehr steckt die Angst dahinter, alleine durch den dunklen Wald zu gehen.

Aus der Praxis

Eröffnung eines Bio-Ladens

„Allein hätte ich mich nie getraut", sagt Anja, die zusammen mit Bubi einen Bio-Laden im lieblichen Rheinhessen eröffnete. „Und er hat mir am Anfang so viel Mut gemacht. Dass er so ein fauler Kerl ist, merkte ich erst viel später."

Wo Angst ein Beweggrund für Partnerschaft ist, vereinigen sich die ängstlichen Gründer. Oder sie treffen auf Show-Männer. Teamplayer wären da bei weitem besser. Aber wie viele Gründer sind denn Teamplayer? Sehr viele Menschen gründen doch deshalb, weil sie es gerade nicht ertragen, bevormundet zu werden, und weil sie ihren eigenen Kopf durchsetzen wollen. Und wie viele ertragen lange Diskussionen, die in Kompromisse münden? Wir halten viele Gründer tendenziell für Einzelgänger. Leider.

Woher kommt denn eigentlich die Ideologie der Teamgründung? Sicher hat sie sich aus dem Zeitgeist heraus entwickelt. Und der wird genährt durch Führungsmethoden der Großbetriebe. Nur allzu unreflektiert wird das, was in den Strukturen großer Unternehmen überlebensnotwendig ist, auf Kleingründungen übertragen. Doch wird derjenige, der im Großbetrieb wunderbar in teilautonomen Arbeitsgruppen agiert, überhaupt ein gesteigertes Bedürfnis nach Ausstieg haben? Wird er sich wohl als Kleinbetriebsgründer ebenso geeignet als Teamplayer zeigen?

Wo Plus, da Minus

Beim nächsten Punkt geht es darum, wie viel jeder Einzelne einbringt – an Kapital, Zeit und Kontakten. Gerne sieht man es so: Je mehr Gründer, desto mehr Kapital kommt in den Topf. Der Zugang zu all den möglichen Geldquellen multipliziert sich. Denn: Ein Gründer hat vielleicht fünf potenziell anzapfbare „Family, Friends and Fools". Bei drei Gründern sind es tendenziell 15. Je mehr Gründer sich zusammentun, desto mehr Kraft kommt ins Spiel: Ein Gründer kann zehn Stunden pro Tag arbeiten, drei Gründer vielleicht 30 Stunden. Und je mehr Gründer sich finden, desto mehr potenzielle Kontakte stehen zur Verfügung. Der eine ist Mitglied im Tennisverein, der andere im Gewerbeverein und der dritte betet im Bibelkreis.

Das klingt ja wunderbar. Doch grau ist alle Theorie. Kapital: Da schleichen sich häufiger Habenichtse ein, als man denkt. Knowhow: Nützt das, was vorhanden ist, dem Ziel des Teams, und ergänzen sich die Wissensbereiche? Bei drei Technikern fehlt immer noch der Betriebswirt. Kontakte: Sind sie nützlich oder nur nice to have?

Vor allem aber gilt: Nichts ist umsonst. Möchte der Partner nicht Gegenleistungen? Vielleicht Geld. Dann stellen sich weitere gemeine Fragen:

- Nimmt er mehr, als er mitbringt?
- Ist ein Angestellter nicht billiger?
- Bringt er nur zehn Stunden pro Tag mehr Kraft – oder fordert er davon gleich wieder einen erheblichen Anteil zurück: in Form von Zeit für Diskussionen.
- Ist er gar ein Zeiträuber?
- Braucht er Nähe, Betreuung, Anerkennung, Liebe?
- Will er das Unternehmen als Familienersatz?
- Möchten die anderen Partner diesen Preis zahlen?

„Alle sind gleich"

Lange bevor wir das alles über unsere potenziellen Partner wissen, verfallen wir – im Überschwang der Gefühle – dem Grundsatz, dass alle Beteiligten gleich sind. Ungleich ist doch unfair. Wir haben bisher nur sehr wenige Teams gesehen, bei denen die Preis-Leistungs-Äquivalenz der Partner zu Beginn auch nur annähernd so genau geprüft wurde wie die technischen Eigenschaften des neuen Pkw. Es ist ja auch peinlich, sich gegenseitig anzuzweifeln und zu hinterfragen – und schlecht für die Stimmung. Und um das Wohlfühlen geht es doch meistens. Doch das Gleichheitsprimat hat teuflische Auswirkungen.

Allzu schnell wird also beschlossen: gleiche Anteile – gleiches Stimmrecht. Schließlich verstehen wir uns ja so toll. Und ergänzen uns: Was der eine nicht kann … Warum wird nicht erst einmal geprüft, wer sich bindet? Doch irgendwann erfahren die Gründer die nackte Wahrheit.

Aus der Praxis

Einigkeit zu Anfang

„Wir sind uns einig und wissen, dass jeder alles gibt", betont der Sozialpädagoge Björn, der mit zwei Partnerinnen eine Tagesstätte für Kinderbetreuung eröffnen will. „Daher brauchen wir jetzt keine Diskussionen und komplizierte Verträge."

Aha. Dieses Team macht also erst Verträge, wenn Uneinigkeit herrscht? Regelmäßig erleben wir, dass selbst offensichtliche Ungleichheit nicht gesehen wird. Am schnellsten wird das am ungleichen Eigenkapital klar.

Beispiel: Eine Tischlerin gründet zusammen mit zwei Partnern eine Schreinerei. Gleichberechtigt. Sie hat vorher halblegal Möbel restauriert. Das durfte sie eigentlich nicht, denn sie ist ja nur Gesellin. Jeder Partner sollte 20.000 Euro in die Neugründung einbringen. Beate schaffte das auch – mithilfe ihrer Eltern. Meister Wolfgang brachte es auf 10.000 Euro. Er hat ja auch Frau und Kinder. Und Elektriker Ralf brachte gar nichts mit, zumindest vorläufig. Er war ja auch arbeitslos. Macht nichts, das Ganze geht vielleicht auch so. Und die zwei Männer können ja später Kapital aus ihren Gewinnanteilen nachschießen.

Als Nächstes entpuppen sich dann die „Entnahmen", in der GmbH auch „Geschäftsführergehalt" genannt, als Problem. Am Anfang bekommen alle wenig – da waren sich die drei einig. Doch was ist der Maßstab? Die Leistung, die Ausbildung, der Marktwert? Pfui! Mit solchen Gedanken kann man doch kein Team gründen. Und so feiert das Kommunistische Manifest eine halbe Wiederauferstehung: jedem nach seinen Bedürfnissen. Marx postulierte jedoch ebenso: jeder nach seinen Fähigkeiten.

Beispiel: Beate hat einen Freund und ansonsten geringe Ansprüche. Für sie sind 1.000 Euro im Monat okay. Für Wolfgang nicht: Frau und Kinder – da muss er mindestens 1.500 Euro zum Familieneinkommen beisteuern. Und Ralf plagen noch die Leasingraten für seinen leistungsstarken Audi. Den braucht er aber auch deshalb, weil seine Freundin Olga 600 Kilometer entfernt wohnt. Zudem: Vorzeitiges Aussteigen aus Autoleasingverträgen ist wahnsinnig teuer. Doch soll daran das Team scheitern?

Weitere Ungleichheiten stellen sich erst allmählich heraus, und zwar in den Bereichen Produktivität, Arbeitsmoral, Nervenstärke, Toleranz,

Kontaktfähigkeit und Risikobereitschaft. Leider verhindern Langmut und Duldsamkeit schnelle Klärungsprozesse. Das Gründungsprojekt steht ja von Anfang an im Kampf am Markt, und äußere Feinde fördern den inneren Zusammenhalt.

Doch irgendwann kommt das Gefühl auf, dass keine Gleichheit herrscht. Es schleicht sich ganz heimlich ein. Und es braucht noch mehr Zeit, bis dieses Problem angesprochen wird. Meist sind hierbei die Stärkeren die Ersten. Die Argumentation verläuft im Regelfall moralisch, das am häufigsten gebrauchte Wort: Gerechtigkeit. Dennoch vergeht viel – zu viel – Zeit, bis klar gesagt wird, was nicht stimmt. Dann oft aus Zorn und Enttäuschung heraus. Bis dahin steigt der Druck im Kessel – und die Stimmung sinkt. Je schwieriger der Start war, desto schneller potenzieren sich die Probleme. Und: Je höher der Druck, desto schwerer sind die Explosionsfolgen. Hätte man den Druck doch lieber frühzeitig kontrolliert abgelassen.

Beispiel: Die Schreinerei kann sich über viele Aufträge freuen, das Geld ist dennoch ständig knapp. Ralf hört stets Freitagmittag schon auf zu arbeiten, er fährt ja noch sechs Stunden bis zur Freundin. Und Wolfgang ärgert sich zunehmend, dass Beate sich auf die Kundenkontakte konzentriert und er immer die körperlichen Arbeiten leisten muss. Außerdem: Muss das Fingernägellackieren in der Arbeitszeit erledigt werden?

Die Rechnung im Team: 3 = 6!

Haben sich da etwa die falschen drei Gründer zusammengetan? Wieso drei? Vielleicht sind es sechs!

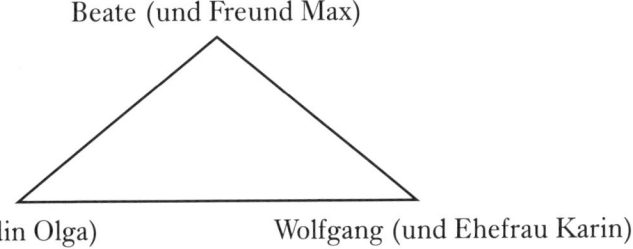

Beate (und Freund Max)

Ralf (und Freundin Olga)   Wolfgang (und Ehefrau Karin)

Die Mitbestimmer agieren zunächst im Verborgenen. Tauchen sie auf, herrscht meistens schon Krieg. Wenn die Vorgänge im Team ihre Gewohnheiten oder Ansprüche betreffen, entwickeln sie ein seismografisches Gespür für Ungleichheiten – und fordern Veränderungen ein. Obwohl alle recht einseitig informiert sind, halten sie sich weder mit Ratschlägen noch mit Forderungen zurück. Eifersüchteleien wirken zusätzlich belastend.

Aus der Praxis

Die Vorwürfe der anderen

Max: „Du arbeitest für die anderen beiden mit. Dann bist du abends völlig am Ende und kommst lustlos nach Hause. Und deine Eltern müssen ständig Geld zuschießen."
Karin: „Schon wieder kein Wochenende! Deine Kinder kennen dich kaum noch! Und die Fingernagel-Tussi spielt sich auf, als ob sie die Chefin ist."
Olga: „Du hast nie Zeit für Urlaub – und Geld auch nicht."

War das nicht alles vorhersehbar? Teilweise, nämlich dann, wenn sich die Gründer vorher kennen.

Was heißt „sich kennen"?

„Wir kennen uns schon lange." So begründen Teamgründer treuherzig ihre Lust auf Partnerschaft, wenn sie vor einem Bankmitarbeiter oder Berater sitzen. Und das sind noch die harmloseren Fälle. Viele haben ihr Glück erst über eine Zeitungs- oder Internetannonce gefunden. Bohren Sie vorsichtshalber tiefer. Hier gilt das Gleiche wie beim Zahnarzt. Es erspart Folgeschäden und Folgekosten.

Aus der Arbeitswelt
Häufig sind es ehemalige Kollegen, die miteinander eine Gründung angehen wollen. Die wissen dann, wie der andere sich am Arbeitsplatz verhält und was er fachlich kann. Vielleicht auch, wie stressresistent er ist. Doch gibt es im Großbetrieb überhaupt richtigen Stress?

Nervenstress vielleicht, doch was den Arbeitsstress angeht, hegen wir arge Zweifel. Denn hier stehen alle in einer Hierarchie. Es gibt Vorgaben, die die Mitarbeiter weder bestimmen konnten noch mussten. Vielleicht verbindet ja auch gemeinsames Leid, kaum aber ein wirkliches finanzielles Risiko. Folgende Fragen bringen Licht ins Dunkel: Waren Sie und Ihr potenzieller Partner als Kollegen gleichgestellt, oder haben Sie auf verschiedenen Hierarchiestufen gearbeitet? Und: Wollen Sie daran etwas ändern? Wenn ja, warum? Drängt Not oder reizt die Lust zur Gründung? Dumm, wenn schon bei diesen Antworten Unterschiede auftauchen!

Beispiel: Karl und Egon wollen zusammen eine Gaststätte eröffnen, „Futtern wie bei Muttern". Sie sind langjährige Opelaner und arbeiteten schon lange bei der jährlichen Großveranstaltung des Sportvereins eng zusammen: am Grillstand.

Während Karl schon über seine Entlassung und die fällige Abfindung verhandelt, will Egon noch etwas warten. Karl ist ja auch schon 53 Jahre alt, Egon erst 47. Prompt entsteht Zeitdruck. Soll Karl erst mal alleine starten? Oder als Arbeitsloser ein Jahr abwarten? Und was geschieht mit der Abfindung? Karls Frau hätte damit gerne die Hausschulden getilgt, sicher ist sicher. Und was bringt Egon ein, solange er noch keine Abfindung hat? Fragen über Fragen. Doch die stellen sich gleich am Anfang. Gut so!

Aus Schule und Studium

Diese Art des Kennens geht eindeutig weniger tief, auch die Ausbildung ist eine Art Trockenübung. Denn da fehlt noch der Ernst des Lebens, vielleicht sogar die echte Berufserfahrung. Ein solches Kennen bleibt zu theoretisch. Bei Akademikern ist es noch dazu stark kopfbetont, manche argwöhnen gar, weltfremd.

Beispiel: Zwei ITler wollen sich nach dem Studium gemeinsam selbständig machen, und zwar mit einer IT-Plattform, die „Pkw-Restlaufzeit-Leasing vermittelt". Auf diese Weise kommen Leaser billiger aus Verträgen heraus und Restnutzer billiger hinein. Der Businessplan umfasst 120 Seiten und zudem 20 Excel-Tabellen in Schriftgröße sechs. Die ITler sind exzellent ausgebildet und steckten all ihr technisches Wissen in das Werk. Doch alle Banker kapitulierten schon im Anfangsstadium. Und lobten die beiden, ohne sie mit einem Kredit zu belohnen. „Was wir nicht verstehen, landet bei uns hinter der Heizung", offenbarte mir ein sehr erfolgreicher Kreditbanker.

Freunde fürs Leben

Freundschaft basiert auf Sympathie und Antipathie. Diese Art des Kennens deckt zwar manche emotionalen Faktoren ab, regt aber selten Klärungsprozesse und ein Hinterfragen an. Und es klammert die Geschäftswelt fast völlig aus. Im schlimmsten Fall verhindert Freundschaft sogar kritische Fragen.

Aus der Praxis

Gescheiterte Pläne

„Wir verstehen uns so gut und sind beide so kreativ", schwärmt Diana, die im tiefsten Taunus mit Freundin Bea einen Bastelladen eröffnen will. So lässt sich das seit zehn Jahren leerstehende Lebensmittelgeschäft von Oma Margarete auch wieder sinnvoll nutzen. Es scheiterte dann aber an Vater Hans, der sein Gebrauchtmöbeldepot nicht räumen wollte. Gott sei Dank.

Was fehlt an Erfahrung?

Oft fehlt Gründern, die sich bereits kennen, schlicht die Erfahrung des gleichberechtigten Arbeitens. Und praktisch immer der gemeinsame Umgang mit Geld und Risiko. Doch gerade das gemeinsame Geldverlieren wäre der Lackmustest für jede Geschäftspartnerschaft. Ideal daher, wenn Profis sich zusammentun.

Beispiel: Tanja und Karin haben sich als Konkurrentinnen kennengelernt. Beide wollten den Auftrag von einer mittelständischen Druckerei, beide leiteten schon seit Jahren kleine Werbeagenturen. Tanja bekam den Auftrag, doch sie hatte sich übernommen. Die Kompetenz im Bereich Internetvideos fehlte ihr völlig. Und sie fand keinen geeigneten

Subunternehmer. Durch Zufall traf Tanja Karin in einer Szenekneipe. Sie sprachen über den Auftrag, und Karin bot ihre Dienste an. Die Zusammenarbeit klappte gut. Nach einigen weiteren Projekten beschlossen Tanja und Karin, ihre Agenturen zu vereinen. Die Verhandlungen waren hart, doch die Ehe hält bis heute.

Wie kann eine Partnerschaft gelingen?

Für viele Gründer folgt nach dem Start alleine eine gute Lernphase. Doch etliche machen dann ihr Unternehmerleben lang so weiter. Gibt es nicht eine Lösung, die zwischen gleichberechtigter Partnerschaft und typischem Angestelltendasein liegt?

Ist die Einzelgründung eine langfristige Alternative?

Nicht ungewöhnlich ist es, dass sich am Anfang gar kein Mitstreiter anbietet. Alleine gründen also? Das schwächt die Durchschlagskraft des Unternehmens erheblich. Gründer sind zwar von ihrer Omnipotenz und Omnipräsenz in höchstem Maße überzeugt, doch die Realität ist dann umso härter. Wir staunen immer wieder darüber, wie viele Arbeitsstunden Gründer leisten möchten; und wie sehr sie den Anteil unproduktiver (also unbezahlter) Stunden unterschätzen. Im Einmannbetrieb bleibt häufig vieles auf der Strecke, meistens die Zuverlässigkeit. Denn: Unvorhersehbare Entwicklungen lassen sich kaum ausgleichen. Umso schlimmer, wenn gerade Einzelgründer den Mund zu voll nehmen.

Aus der Praxis

Der 24-Stunden-Notdienst

Sven Schulz hat sich als Heizungsbauer selbständig gemacht. Stolz präsentiert er uns seine neue Fahrzeugbeschriftung: „24-Stunden-Notdienst". „Und wie machen Sie das?" „Kein Problem, ich habe ja Tag und Nacht ein Handy bei mir." Dreimal erlebten allein wir, dass Sven offensichtlich einen tiefen Schlaf hat. Doch statt die Notdienst-Aufschrift diskret zu übermalen, lässt er heute ein Callcenter nächtliche Anrufer vertrösten.

Die nächste Frage ist, ob sich der Gründer einen langsamen Start leisten kann. Bei nebenberuflicher Gründung ist das vielleicht möglich, aber ob daraus der Deckungsbeitrag für eine hauptberufliche Gründung erwachsen kann, hängt von drei Faktoren ab.

- Kostenbelastung: je geringer die Kosten (eigene Immobilie, keine Personalkosten, eigenfinanziert), desto einfacher.
- Kundenwünsche: Wenn die Kunden den Gründer, seine Produkte oder seine Dienstleistungen so sehr lieben, dass sie Wartezeiten und Einschränkungen in Kauf nehmen, klappt der schleichende Start.
- Lieferanten: Wenn keine Mindestmengen oder Mindermengenzuschläge verlangt werden, fehlt auch hier der Zeitdruck.

Beispiel: Eine andere als die uns schon bekannte Germanistin will sich ihren Lebenstraum erfüllen und ebenfalls eine Buchhandlung eröffnen. Doch zwei Kinder schränken ihre Möglichkeiten ein. Hinzu kommt, dass sie sich sozial engagiert. Was wirkt stärker? Die vielen Kontakte, die sie hat, verbunden mit Kunden, die hinter ihr stehen – oder die Schlechterbehandlung durch den Großhändler, der Kleinbuchhändler nur dreimal statt sechsmal die Woche beliefert, sodass der Kunde doppelt so lange auf seine Bestellung warten muss.

Im Regelfall braucht ein Unternehmen eine gewisse Mindestgröße, ohne die die Gewinnzone nicht erreicht werden kann und ohne die lukrative Aufträge und größere Kunden nicht gewonnen werden können.

Beispiel: Nennen wir ihn Marcel. Er ist begeisterter Autoschrauber und redet gern und viel. Stets kompetent, doch nicht immer verständlich. Obwohl er will, dass seine Kunden ihn verstehen. Seit zehn Jahren betreibt er eine Hinterhofwerkstatt, meistens alleine oder mit einem Praktikanten. Er repariert, was er kann; und er kann viel. Doch das Geld reicht hinten und vorne nicht. Schuld sind natürlich die Vermieter. Und so wechselt er alle fünf Jahre den Standort. Immer günstiger wird die Miete dadurch – doch er zieht auch immer tiefer in die Provinz.

Marcel hat lange nicht verstanden, dass er als One-Man-Show mit Breitbandangebot nicht produktiv sein kann. Wir beschafften das Buch „Positionierung – das erfolgreichste Marketing auf unserem Planeten" von Peter Sawtschenko (Offenbach 2005). Und Marcel las (zur Verwunderung seiner Frau), begriff und siegte. Heute hat er sich auf Geländewagen spezialisiert und die Preise erhöht. Und seinen Kunden ist kaum ein Weg zu weit. Mittlerweile arbeitet sogar ein Mitarbeiter für ihn, an dem er verdient.

Gerade bei innovativen Gründungen kommt noch ein Faktor hinzu: Oft besteht Zeitdruck, der vom Markt ausgeht. Zwar werden in Deutschland selten Geschäftsideen geklaut, aber erfolgreiche Start-ups zu imitieren, ist eine umso beliebtere Praxis. Dagegen schützen selten Patentrecht und Gesetz. Die einzige Chance besteht darin, möglichst schnell zu sein. Da sind gut aufgestellte Gründerteams weit besser dran. Sie können einfach mehr Knowhow und Manpower einsetzen. Ein Gründer, der zum Beispiel eine innovative Mülltrennanlage für den Haushalt erfunden hat, ist alles: Erfinder, Produzent, Vermarkter. Das lässt seine Chance auf einen erfolgreichen Markteintritt sinken. Mehr Schwung war schon dahinter, als drei pfiffige Gründer eine regionale Plattform schaffen wollten, sozusagen eine City-Community. Einer von ihnen ist ITler, einer Finanzfachmann und einer Vertriebsspezialist.

Aus der Praxis

Schneller als die Konkurrenz

Drei leitende Angestellte haben eine pfiffige Idee, wie Theater ihre Auslastung erhöhen können. Sie lässt sich aber nicht schützen. Gelingt der Durchbruch mit einer Handvoll Theater, werden vertriebsstarke Konkurrenten den Markt entdecken und sich auf die übrigen Theater stürzen. Und so die Gründer vom Markt fegen. Zwingend ist für sie also: Sie müssen schnell viele Kunden erreichen und vertraglich an sich binden.

Auch die Überlegung, einen Mitarbeiter fest einzustellen, um den Output zu erhöhen, läuft meist ins Leere. Denn die meisten verhalten sich eben wie Angestellte. Sie tragen kein Risiko und pochen auf ihre Rechte. Hinzu kommt, dass sich Gründer ohne Bankkredit das in aller Regel sowieso nicht leisten können, denn die Kosten dafür müssen vorfinanziert werden.

Das Geheimnis erfolgreicher Teamgründungen

Die Alternative zur Einzelgründung sind solche Gründungen, bei denen Ungleichheiten und unterschiedliche Wertigkeiten gleich am Anfang knallhart aufgedeckt werden. Und bei denen die Beteiligten die Konsequenzen daraus ziehen. Das ist nichts für sensible Gemüter. Doch wer diese Auseinandersetzung scheut, der ist als Gründer sicher nicht geeignet. Den Kampf um die Konditionen am Anfang zu führen ist das Geheimnis einer erfolgreichen Teamgründung.

Die kritische Auseinandersetzung wird in den allermeisten Fällen zu der Erkenntnis führen, welch ungleiche Partner sich am Start versammeln. Sie bringen unterschiedliche Ressourcen mit: ungleiches Kapital, ungleiche Arbeitskraft, ungleiche Qualifikation. Und wichtiger noch: ungleiche Motivation, ungleiche Nervenkraft, ungleiche Risikobereitschaft. Und das gleicht sich eben nicht in der Summe aus.

Wer das erkennt, kann es akzeptieren – oder nicht akzeptieren. Aber das ist auf jeden Fall besser, als die Unterschiede zu verleugnen. Die Gründer haben damit die Chance, eine stabilere Basis für ihr Unternehmen aufzubauen. Denn: Die Auseinandersetzung wird am Anfang geführt. Die Gründung gelingt oder scheitert zu einem Zeitpunkt, wo die Kollateralschäden noch minimal sind. Zudem erweitert sich dadurch die Zahl der potenziellen Partner, da das unbedingte Ganz-oder-gar-nicht als Einstiegshürde entfällt. Es gibt sicher deutlich mehr Menschen, die ein bisschen selbständig sein wollen, als Vollblutgründer. Und vielleicht können Sie die sogar gut gebrauchen.

Absprachen in Schriftform

Wer weniger mitbringt, muss auch weniger bekommen: weniger Gründergehalt, weniger Gewinn, weniger Stimmrechte. Er trägt dafür vielleicht auch weniger Risiko, muss weniger Arbeitszeit leisten und hat mehr Urlaub. All dies vorab sauber zu regeln ist eine anspruchsvolle

Aufgabe für die Konstruktcure des Gesellschaftsvertrags. Vielleicht reichen an vielen Stellen auch banal selbstgestrickte Vereinbarungen. Nur: Sie sollten auf jeden Fall schriftlich niedergelegt werden. Denn auch die Gedächtnisleistungen von Partnern sind unterschiedlich.

Die Verhandlungen der Partner im Vorfeld sind ein äußerst wichtiger und reinigender Prozess für das sich bildende Team. Wichtig ist dabei, dass die Option auf mehr bestehen bleibt. Ein „Aufstieg" oder eine Erweiterung der Aufgaben muss möglich sein, wenn sich ein Mitgründer bewährt. Zudem sollte eine regelmäßige Prüfung, wie sich die Arbeitsrealität zwischen den Partnern entwickelt, stattfinden. Wird das und die anschließend notwendige Anpassung unterlassen, entzündet sich der angehäufte Sprengstoff mit fatalen Folgen. Viele Familienbetriebe zum Beispiel scheitern, weil der Generationenvertrag nicht mehr verhandelt wird. Dann reißt der Ausstieg des Nachfolgers den alten Patriarchen aus den schönsten Träumen.

Aus der Praxis

Wenn es bleibt, wie es ist

Eine Traditionsgaststätte in Unterfranken: Tochter und Sohn zeigen schon früh Interesse an der Nachfolge. Doch während Kerstin auf Wanderschaft geht, um Neues kennenzulernen, lernt Stefan zu Hause. Als dann Vater Franz beiden die Nachfolge übertragen will, fordert Kerstin, dass Karte und Küche komplett umgestellt werden. Ihr ist aufgefallen, dass die Wirtschaft zwar nach wie vor gut läuft, die Gäste aber mittlerweile vom Altersdurchschnitt her mit den Bewohnern des städtischen Altenheims konkurrieren können. Die Auseinandersetzung ist kurz und heftig. Stefan bekommt den Laden. Ist ja auch der Sohn. Und Vater Franz kocht noch heute.

Eine gute Lösung: der Bei-Chef

Früher war es der Regelfall, dass der Lebenspartner oder gar die gesamte Familie eine Gründung unterstützte. Diese Grundlage, auf der einst Dynastien aufgebaut wurden, existiert heute jedoch nur noch in der Fernsehwelt. Ansonsten sind lediglich rudimentäre Ansätze zu finden, die oft nicht sinnvoll sind. Wer seinen Lebenspartner nur als lebendigen Anrufbeantworter benutzen will, der suche sich lieber einen Büroservice.

Der Bei-Chef hingegen könnte die Lösung sein: Er ist ein Mensch, der unternehmerisch denkt und handelt, ein Giver – kein Taker. Er ist einer, der an den Erfolg glaubt, aber weiß, dass dieser erst später eintritt. Und der deshalb bereit ist, abzuwarten und später zu profitieren. Dennoch wagt er es mitzumachen. Formal: als lausig bezahlter Angestellter. Faktisch: als Mitunternehmer.

Beispiel: In der Glaserei Küppers, geführt von der zweiten Generation und immer sehr erfolgreich, kommt es zum Familienkrach. Über Nacht wird Bruder Peter von der Geschäftsführung ausgeschlossen. Doch der handelt schnell. Vier Tage später hat er sein eigenes Unternehmen, die Räume mietet er bei einem befreundeten Glashändler. Peter nimmt Björn mit, den wichtigsten Techniker. Ihm bietet er an, mit wenigen Anteilen bei ihm einzusteigen und als Subunternehmer auf Rechnung für ihn zu arbeiten. Aber: Es besteht eine klare Option auf eine spätere größere Teilhaberschaft.

Wer aber eignet sich als ein solcher Bei-Chef? Welche Eigenschaften sollte dieser Partner mitbringen? Hier einige Voraussetzungen, die hilfreich sind:

- Keine Aufstiegschancen im alten Betrieb
- Eine enge persönliche Bindung an den Gründer
- Der Wunsch nach Selbständigkeit, aber fehlendes Startkapital
- Angst vor dem Unternehmerrisiko, aber der Drang nach ein bisschen Freiheit
- Die Familie setzt Grenzen
- Arbeitslos geworden und als Angestellter nur noch niederrangig vermittelbar
- Reiz des eigenen Arbeitsbereichs
- Pionierstimmung
- Endlich Würdigung der eigenen Leistung

- Innovationschancen
- Arbeitsklima
- Sozialer Aufstieg („Ich bin jetzt quasi mein eigener Chef.")

Was will der Bei-Chef – und was scheut er?	
Er will:	**Er will nicht:**
Finanzielle Grundabsicherung	Geld einbringen
Seinen selbstbestimmten Bereich	Kredit aufnehmen
Option auf mehr	Persönlich haften
Anerkennung	Auf allen Gebieten entscheiden müssen
Emotionale Sicherheit	Internen Konkurrenzkampf
Aufbruchstimmung miterleben	Allein sein
Persönliche Wachstumschancen	

Wenn es gelingt, eine Gründung mit einem Bei-Chef zu realisieren, sind die Chancen auf schnellen Erfolg weitaus größer als für den Alleinstarter. Gibt es Probleme, sind die Risiken weitaus geringer als bei einer gemeinsamen Gründung gleichberechtigter Partner. Zudem ist die Abwicklung des Ausstiegs ebenfalls deutlich einfacher. Und: Die Chancen, einen Bei-Chef zu finden, sind bedeutend größer als darauf, dass sich ein leistungshomogenes Gründerteam findet.

Beispiel: Nicci ist ehrgeizig. Eigentlich viel zu spät aus Rumänien gekommen – der Arbeitsmarkt in Deutschland war schon verstopft –, arbeitete sie sich zur Zahntechnikerin hoch. Doch ihr Engagement wurde in den häufig verstaubten Zahnlaboren nicht gewürdigt. Sie wollte etwas besser machen, und die Laborchefs wussten alles besser.

Niccis Odyssee endete in einem Zahnlabor in Frankfurt. Chef Sven, der gerade knapp an der Pleite vorbeigesegelt war (denn kurz nach der Übernahme dieses Zahnlabors lähmte das Krankenversicherungs-Kostendämpfungsgesetz für zwei Jahre die Branche), wollte die Arbeit radikal verändern: Zähne fräsen mit IT-gesteuerten Werkzeugmaschinen.

Nicci war begeistert, während andere eine Existenzbedrohung fürchteten. Sven erkannte ihr Engagement und motivierte sie dazu, die Meisterprüfung abzulegen. Stückweise stieg sie auf – immer mit klaren

Vorgaben –, bis sie Geschäftspartnerin wurde. „Bei-Chefin war sie eigentlich schon lange", sagt Sven.

Bei-Chefs sind in vielen mittelständischen Betrieben vertreten. Warum sie mit dem Gleichheitspostulat überfordern und verschrecken? Meist lassen sie sich in Branchen finden, in denen die Unternehmen klar durchstrukturiert sind. Sie dienen in der Regel unter Chefs, die systematisch planen sowie Klartext reden und leben. Klassisch hierfür ist die Gastronomie. Könnte Johann Lafer von TV-Auftritt zu TV-Auftritt fliegen, wenn er keine Bei-Chefs in seinem Restaurant hätte?

8. Gründer und Bank: Drum prüfe, wer sich ewig bindet

Eine Gründung ohne Bankkredit hat natürlich nicht nur Vorteile, sondern bringt auch Nachteile mit sich. Was das bedeuten kann, sollten Sie sich vor Augen führen, bevor Sie endgültig entscheiden, ob Sie nun mit oder ohne Bank gründen wollen. Ebenso gilt: Beziehungen mit einer Bank sind langfristig. Und in vielen Fällen werden sie nicht mal aus Liebe geschlossen. Scheidungen sind aber oft teuer bis unmöglich.

Gründen ohne Bankkredit: die Vorteile

Wer auf Bankkredite verzichtet, spart sich eine Reihe von Risiken und Nebenwirkungen.

Erheblich weniger Zeitverlust

Einen Bankkredit zu beantragen, frisst unglaublich viel Zeit. Endet das erste Bankgespräch sehr positiv – was eher selten vorkommt –, ist der Gründer umso optimistischer hinsichtlich des weiteren Procederes. Doch dann beginnt ein bürokratischer Gewaltmarsch, der schier endlos wirkt: Unterlagen, Unterlagen, Unterlagen. Fragen, Fragen, Fragen. Auflagen, Auflagen, Auflagen.

Häufig fehlt dem Gründer dafür das Verständnis, gelegentlich sogar zu Recht. Beim öffentlichen Kredit erhöht sich der Aufwand noch einmal. Und so werden aus den angekündigten vier Wochen, nach denen das Geld auf dem Konto sein soll, meistens drei, nicht selten sechs Monate. In der Zwischenzeit leidet der Gründer Höllenqualen, denn selten nur sitzt er zu Hause und wartet in Ruhe auf den Geldeingang. Er hat sein Geschäft begonnen, verbraucht täglich Geld und wartet auf Nachschub. Die Angst beschäftigt ihn Tag und Nacht, bis fast zum Schluss hat er keine Zusage, ob er den Kredit überhaupt bekommt. So nervt er den Banker und der Banker ihn. Nur: Der Banker taucht vielleicht in den Urlaub ab, ohne dem Gründer Bescheid zu sagen, und der zittert weiter.

In der gesamten Zeit ist er nicht in der Lage, sich uneingeschränkt auf seine Kunden zu konzentrieren. Nerven dann zusätzlich noch Genehmigungsbehörden und das Finanzamt, ist der Gründer auch ohne Kunden völlig ausgelastet. Ohne Bankkredit erleben Sie also eine stressfreiere und nervenschonendere Startphase.

Keine dämlichen Fragen

Banker können schon recht dämliche Fragen stellen. Und sie können peinliche und peinsame Fragen stellen. Kurzum, die Kompetenz ist im Einzelfall strittig. Das gilt vor allem für Banker, die nur gelegentlich Gründerkredite bearbeiten, und das sind viele. Doch die Erfahrung lehrt: Mit Weisheitszähnen im Unterkiefer geht man lieber gleich zum Zahnchirurgen, denn er ist Experte. Der Zahnarzt, der nur selten selbst Zähne zieht, wird wahrscheinlich einen Notfall verursachen, der am Ende doch in der Zahnklinik landet. Besondere Beraterkompetenz zeigte ein Frankfurter Banker.

Aus der Praxis

Chancenlose Gründung?

„BITTER & ZART" soll der Schokoladenladen am Frankfurter Dom heißen. Ein Kreditgespräch wurde geführt. „Was? Vier Euro für eine Tafel Schokolade!! Der ALDI verkauft Schokolade für 49 Cent." So weit die Marktanalyse des Kreditbankers.

Handelte es sich hier um eine chancenlose Gründung? Nun: 2004 wurde der Laden ohne Bankkredit eröffnet. Er überzeugte so sehr, dass er den Gründerpreis der Stadt Frankfurt erhielt. Und er läuft und läuft. Banker und Bank möchten nicht genannt werden. Ein Ausnahmefall? Na ja, manchmal haben die Banker ja auch recht.

Kein qualvoller Tod

Banken töten selten kurz und schmerzlos. Den Kredithahn schrauben sie langsam zu wie weiland General Franco die Garrotte. Und das gelegentlich sogar genüsslich, denn manch einer spielt eben gerne Gott. Doch die Mehrheit denkt ökonomisch. Solange der Gründer noch atmet, kann er noch zahlen, und der Banker wägt immer Kosten und Nutzen ab – und sein persönliches Risiko. Vielleicht darf der Gründer ja weiterleben.

Pulsmesser ist das Girokonto. Der Ablauf im Normalfall: Rücklastschriften, mahnende Anrufe (meistens von einem ganz einfachen Bankangestellten), Mahnbriefe, Drohbriefe, Kündigung des Lastschriftverfahrens, Streichen der Dispokreditlinie und Rückführungsforderungen, Rückführungsvereinbarungen, Kontensperrung – und dann ab mit der Akte in die Abwicklung. Wer keinen Disporahmen hat, erlebt die Bank hingegen nur als Filiale mit mehr oder weniger netten Mitarbeitern an den Schaltern. Er gerät niemals unter Bankdruck.

Kein Liquiditätsschock

Wer einen Bankkredit nutzt, zahlt Zinsen. Das ist banal. Aber den wirklichen Liquiditätsschock verursachen gerade beim öffentlichen Kredit eher die Tilgungen. Man denkt nichts Böses, und plötzlich werden auf einen Schlag sechs Prozent der Kreditsumme als Tilgung vom Konto abgebucht. Wer hätte daran noch gedacht, nach zwei Jahren … Noch schlimmer wird es bei den endfälligen Krediten, da sind es schließlich 100 Prozent auf einen Schlag. Solche Spätfolgen erspart sich der kreditlose Gründer.

Keine Schädigung von Unterstützern

Meistens sind es nahe Verwandte oder gar gute Freunde, die sich zur Mithaftung hinreißen lassen. Sie verpfänden beispielsweise ihr Haus, damit die Bank die Gründungsfinanzierung bewilligt. Ein wahres Damoklesschwert hängt jetzt über dem Gründer. Denn sein Misserfolg ruiniert ihm nahestehende Menschen. Ohne Bankkredit werden daher Enttäuschungen und Streit – zumindest was dieses Thema angeht – vermieden.

Gründen ohne Bankkredit: die Nachteile

Die fehlende Starthilfe von der Bank ist natürlich nicht nur mit Vorteilen, sondern auch mit Nachteilen verbunden. Einige davon sind offensichtlich, andere hingegen zum Teil versteckt.

Die offensichtlichen Auswirkungen

Wer ohne Bankkredit gründet, hat in der Regel weniger Geld zur Verfügung. Das zwingt zum Sparen. Neben sinnvollen gibt es hier jedoch auch sinnlose Ansätze. Gemeint ist das Sparen wider jede ökonomische Vernunft. Der Gründer kann schlicht und einfach aus Geldmangel nicht anders und verzichtet damit auf Umsatz- oder Renditechancen. Traurig, aber wahr. Nur das sichert ihm das Überleben. Wer Atemnot hat und sich keine Medizin leisten kann, der muss langsam laufen, bis es ihm besser geht.

Ein weiterer Nachteil ergibt sich aus dem Zeitdruck, der den finanzschwachen Gründer zwingt, schnell Aufträge zu generieren. Er kann es sich nicht leisten, die Lehren von Meister Peter Sawtschenko zu beherzigen, nämlich sich zu positionieren. Im Gegenteil: Er muss alles schnell Erreichbare und schnell Realisierbare annehmen, auch aus den Randbereichen seiner Tätigkeit. Die Gartenbaufirma ist dann zum Beispiel gezwungen, nicht nur Bäume zu fällen und Wurzeln auszufräsen, sie zu zerkleinern und abzutransportieren. Sie behandelt zusätzlich den Rasen und entrümpelt den Keller des Kunden.

Besser wäre es ganz gewiss, sich auf sehr spezielle Leistungen und damit auf eine sehr klar abgegrenzte Zielgruppe zu konzentrieren. Nur Spezialisierung schafft Effizienz, Ansehen und hohe Honorarsätze. Doch es dauert einfach zu lange, bis auf diese Weise genug Aufträge hereinkommen. Und so entstehen konturlose Gemischtwarengründungen. Zusätzlich gibt es eine Reihe wesentlicher, aber unbeachteter Nebenwirkungen bei einer Gründung ohne Bankkredit.

Kein Zwang zum Nachdenken

Trotz heuchlerischer Beteuerungen gehen die meisten Menschen erst dann zum Arzt, wenn etwas schmerzt. Und Gründer gehen zum Berater, wenn sie Geld brauchen. Dem fällt dazu dann sofort der Bankkredit ein, für den natürlich ein Businessplan erforderlich ist. Um den zu schreiben, wird der Berater engagiert und bezahlt. Schafft er es mit diesem Plan, dass der Kredit genehmigt wird, ist er ein guter Berater. Schafft er es nicht, taugt er eben nichts.

So weit, so schlecht. Doch es gibt auch eine angenehme Nebenwirkung: Der Gründer muss sich intensiv mit seiner Gründung auseinandersetzen, wenn er einen Businessplan schreibt. Entfällt dieser Zwang, bleiben seine Gedanken eher an der Oberfläche. Dann braucht er auch keinen Berater. Die Qualität der Gründung leidet unter diesen Umständen jedoch erheblich.

Als die Regierung auf die Idee kam, bei der Ich-AG-Förderung auf ein Unternehmenskonzept zu verzichten, entwickelte sich ein Flohzirkus von Gründungen mit extrem kurzen Lebenszeiten. Später mussten dann auch Ich-AG-Gründer Businesspläne erstellen, allerdings wurden diese nicht streng genug geprüft. Da kann man predigen, was man möchte: Ohne Zwang gibt es keine Bereitschaft, eine vernünftige Geschäftsplanung zu betreiben. Solche Gründungen sind weniger erfolgreich – das ist wie bei einer Abmagerungskur.

Keine kostenlose Befruchtung

Nicht nur Berater befruchten den Gründer, sondern gelegentlich auch Banker. Es gibt Kreditgespräche, in denen der Gründer einiges lernt und damit die Chancen seines Unternehmens erhöht. Diese Möglichkeit entgeht denjenigen, die ohne Bankkredit gründen.

Kein Umsatzdruck

Manche Menschen brauchen die Peitsche, um Leistung zu bringen. Was beim Handelsvertreter vielleicht Alimente und Freundinnen sind, das kann beim Gründer der Bankdruck sein. Jeder hat einen eigenen Grund, der ihn zur Umsatzjagd treibt.

Ohne Ablehnung keine Trotzreaktion

Viele brauchen erst einen Tritt, bevor sie (erheblichen) Ehrgeiz entwickeln. Ein negatives Kreditgespräch stachelt sie an, und es lehrt sie, den Wert des Geldes zu schätzen. Eine Lehre, die zu Sparsamkeit führt.

Keine zweite Chance

Gründer können der Bank gemalte Bilder vorlegen, denn Fotos haben sie ja noch nicht. Kommen sie dagegen zwei Jahre später zur Bank, so müssen sie Fotos mitbringen, sprich die Bilanzzahlen ihres Unternehmens. Sind die gut, gibt's den Aufbaukredit, sind sie schlecht, besteht keine ernsthafte Chance auf einen Sanierungskredit. Der Gründer steht dann nach zwei Jahren ohne den benötigten Geldnachschub da.

Die traurige Realität

Gründer ohne Bankkredit müssten sich eigentlich besser vorbereiten als Gründer mit Bankkredit, damit ihr Vorhaben eine Chance hat. In der Realität sieht das jedoch anders aus, sie starten deutlich schlechter vorbereitet. Ergo: Nicht das fehlende Geld ist Hauptursache für ihr Scheitern, sondern die mangelnde Vorbereitung. Aber hier ist ja ein Ansatzpunkt, selbst etwas zu verändern …

Bankbeziehungen zwischen Wollen und Können

Und ein weiterer Aspekt ist zu beachten, wenn Sie noch unsicher sind, ob Sie mit oder ohne Bankkredit gründen wollen. Denken Sie zum Beispiel daran, dass Sie vielleicht einmal Ihre Dispokreditlinie überziehen wollen. Die Bankbeziehungen sind weitgehend vom ökonomischen Erfolg der Gründer abhängig. Je schlechter es dem Gründer geht, umso mehr Druck macht die Bank.

Doch die Bank macht auch Druck, wenn es ihr selbst schlecht geht. Das muss dann gar nichts mit dem Gründer zu tun haben. Dem fehlt dafür jedoch jegliches Verständnis. Am härtesten trifft es ihn, wenn der für ihn zuständige Kreditbanker wechselt und plötzlich alles anders wird, meistens schlechter. Denn damit ist auch das Vertrauensverhältnis verloren, das bisher so viel möglich gemacht hat. Oft tritt der Nachfolger sogar mit dem Vorsatz an aufzuräumen. In einer solchen Situation gibt es vier mögliche Szenarien.

Der Gründer	kann die Bank wechseln.	kann die Bank nicht wechseln.
will die Bank wechseln.	☺	☹
will die Bank nicht wechseln.	☺	☺

Der Gründer will und kann die Bank wechseln

In einer solchen Lage feiert der Jungunternehmer seinen persönlichen Triumph. Sein ökonomischer Erfolg hat ihn stark gemacht, er muss sich nichts mehr bieten lassen. Die Bankkonkurrenten buhlen um ihn. Mit einem letzten großen Auftritt verabschiedet er sich von seiner Hausbank. Vielleicht wurde er gar dazu animiert.

Unter welchen Umständen es dazu kommen kann, zeigt das folgende Beispiel. Nur selten schaffen es Hausbanken, den Nachfolger eines Bankmitarbeiters so einzuführen, dass dieser einen Wechsel des Kunden verhindern kann. Dazu fehlt im Regelfall die emotionale Intelligenz, um sich in die Kunden hineinzufühlen.

Das Ende eines Vertrauensverhältnisses

Über die Jahre hat Glasermeister Z. zu Kreditbanker B. ein Vertrauensverhältnis aufgebaut. B. hat sich damals weit aus dem Fenster gelehnt, um die Gründungsfinanzierung im Haus durchzusetzen. Und war auch in der Folge immer da, wenn es mal klemmte. Bei einem Geschäftsessen erzählt B. jedoch, dass er die Bank wechseln wird, weil er die ausufernde Bürokratie leid ist. Bei seinem neuen Arbeitgeber hat er kurze Entscheidungswege und bekommt mehr Kompetenz.

Der Gründer will die Bank wechseln, kann aber nicht

Dies ist das krasse Gegenteil. Keine andere Bank will die Kredite des Jungunternehmers ablösen, er ist auf Gedeih und Verderb auf seine Hausbank angewiesen. Und die quält ihn. Bei jeder anstehenden Kreditverlängerung plagt ihn tagelang die Sorge, ob die Bank ihm seine Kredite weiterhin genehmigt oder nicht. Und im Tagesgeschäft muss er immer wieder darüber nachdenken, ob die Bank erneut eine „befristete Überziehung" des Dispos zulässt oder sich diesmal weigert. Ausgezogen bis auf die Unterhose, schwankt er zwischen Wut und Scham. Das beeinflusst sein tägliches Geschäft erheblich, vielleicht sogar seine Gesundheit.

Beispiel: Es dauert und dauert, bis der Werkzeugbauer J. Aufträge erhält, bei denen er seine CNC-Fräse einsetzen kann. Die Finanzierung war zudem viel zu optimistisch kalkuliert. Und jetzt setzen auch noch die hohen Tilgungsraten der öffentlichen Kredite ein. Die Bank erweitert zwar den Disporahmen, aber nur, um die Abbuchungen der KfW nicht platzen zu lassen. Dadurch verdoppelt sich die Zinslast. Ausgerechnet jetzt steht ein größerer Auftrag in Aussicht. Doch die Bank will das Material dafür nur vorfinanzieren, wenn der Kunde Sicherheiten für die Bezahlung des Auftrags stellt. Der schüttelt bloß entsetzt den Kopf. Unter Zeitdruck wird eine andere Bank angesprochen. Doch die ziert sich: „Ihr Rating ist zu schlecht." Schlechte Vergangenheit – keine Zukunft. Eine krude Logik. Doch J. hat Glück. Der Lieferant ist flexibler. Er liefert auf Pump das gesamte Material gegen Abtretung der

Forderung. Ein neues Postbankkonto sorgt dafür, dass sich die Hausbank nicht vorher an den eingehenden Kundengeldern vergreifen kann. Meistens gibt es doch einen Weg.

Der Gründer will die Bank nicht wechseln, kann es aber

Der Jungunternehmer hat entweder ein gutes Verhältnis zu seinem Banker – oder vielleicht gar keins. Solche Kunden werden nämlich von der Bank genauso oft vergessen wie unauffällige Schüler in der Schule. Wer nicht negativ auffällt, wird übersehen. Die Chance, mit dem Kunden Zusatzgeschäfte zu machen, verpassen unglaublich viele Kreditbanker. So bekommt der Jungunternehmer den Personalwechsel in der Bank gar nicht mit. Die Nachfolger stellen sich selten vor. Gute Gründe für den Jungunternehmer, sich dynamischer zu zeigen als die Banker.

Beispiel: Die Geschäfte der jungen Kulturagentin laufen glänzend. Schon zwei Jahre nach der Gründung übersteigen die Summen auf ihren Konten die Höhe ihres Gründerkredits deutlich. Von ihrer Bank hört und sieht sie nichts. Außer Kontoauszügen. In einer stillen Stunde erinnert sie sich: Hat der nette Kreditbanker E. ihr nicht mal die Verzinsung von positiven Girokonten angedeutet? Sie schickt ihm daraufhin eine E-Mail. Nach zwei Wochen reagiert eine junge Bankerin und klärt sie auf: „Herr E. musste uns vor einem halben Jahr überraschend verlassen." Auf Deutsch: Er wurde fristlos gekündigt.

Jetzt aber ran mit Schmackes. Nie ist die Ausgangslage für knallharte Forderungen besser als in einer solchen Situation. Schließlich wurde die Kundin weder über den Wechsel informiert, noch hat sich ihr neuer Betreuer vorgestellt. Doch wer ein halbes Jahr derart unbeachtet blieb, der muss etwas guthaben. Im konkreten Fall wurde der neue Banker noch frech, und die Agentin wechselte die Bank.

Der Gründer will die Bank nicht wechseln und kann es auch nicht

Eine trügerische Ruhe. Dem Jungunternehmer geht es nicht wirklich gut, aber er ist stabil. Die Bank schleppt ihn durch, schon seit etlichen

„Grenzgänger"

Seit Jahren bewegt sich die Nutzung der Kreditlinie am oberen Rand des Limits. Die Kunden zahlen stets erst nach sechs Wochen. Doch keiner sagt etwas, keiner tut etwas. Ofenbauer M. erfährt daher gar nicht, dass seine „Verhaltensnoten" (das ist so etwas wie Kopfnoten in der Schule), die der Ratingautomat der Bank ausspuckt, deshalb miserabel sind. „Grenzgänger" nennen die Banker solche Unternehmer intern. Doch wache Factorer erkennen ihre Chance. Sie übernehmen Forderungen und schießen das Geld dafür vor, was einem Unternehmen sofort Liquidität verschafft. Das lohnt sich aber erst ab mindestens 400.000 Euro Forderungsmasse pro Jahr. In unserem Fall wusste der Factorer um die Bonität der Kunden im Bereich Kaminofenbau. So kauft er die Kundenforderungen gegen eine Gebühr an, was die Kreditliniennutzung deutlich sinken lässt.

Monaten. Nur nicht auffallen, ist seine Devise. Diese Strategie ist nicht ohne Risiken. Denn bei jeder Entwicklung in der Bank kann es mit der Ruhe blitzschnell vorbei sein. Da wäre es vielleicht besser gewesen, vorausschauend gehandelt zu haben.

Ob eine Gründung mit oder ohne Bank erfolgt, häufig bestehen Kreditlinien auf dem Girokonto, und seien sie noch so klein. Sie werden dann bis zum Rand genutzt. Das ist teuer, gefährlich und führt zu lästigen Bankkontakten – und das oft für lächerliche Summen. Unser Tipp: Sprechen Sie lieber ein paar FFFs an und bieten Sie denen für kurzfristige Kredite zehn Prozent pro Jahr an.

9. Finanzierungen für den absoluten Notfall

Wir schildern nun Notmaßnahmen, die dazu dienen, eine Gründung im Notfall und im letzten Moment doch noch zu retten. Voraussetzung dafür: starke Nerven. Denn dies geschieht mit geschäftlichen oder gar privaten Vertragspartnern, die freiwillig nicht helfen möchten. Achtung: Wer die folgenden Finanzierungsstrategien bei seiner Gründung einplanen muss, sollte es lieber bleiben lassen. Denn das wäre dumm bis kriminell. Doch welche schnellen Maßnahmen versprechen Rettung? Welche Liquiditätsgewinne sind möglich? Wie gefährlich wird das?

Wo Sie im geschäftlichen Bereich ansetzen können

Natürlich gilt der hehre Grundsatz: Verträge sind einzuhalten. Daher sind Verbindlichkeiten auch fristgerecht zu zahlen. Doch akute Liquiditätskrisen sorgen dafür, dass solche frommen Vorsätze schnell vergessen werden. Es gibt eine Reihe von Notfinanzierern, die freiwillig nie helfen würden. Diese werden aber durch die Macht des faktischen Handelns zur Hilfe gezwungen. Wichtig für Gründer ist es daher zu wissen, welcher Notfinanzierer wie reagiert. Oder, besser gesagt, an welcher Stelle man ungefährdeter handeln kann und wo man es besser lässt. Not zwingt dazu, Grenzen zu überschreiten. Die Alternative hierzu ist die Kapitulation.

Lieferanten

Hat man bei einer Lieferung auf Rechnung das Zahlungsziel erreicht, so ist der Lieferant stets der Erste, der angepumpt wird. Statt in 14 Tagen wird die Rechnung eben erst in vier, sechs, acht oder zwölf Wochen bezahlt. Lieferanten können sich dagegen kaum wehren. Zum einen ist der Rechtsweg, der mit Einklagung und Eintreibung verbunden ist, endlos weit. Zum anderen wollen die Lieferanten ihre Kunden ja nicht verlieren.

Zumindest ist das so lange der Fall, wie der nicht als „klamm", sprich als kreditunwürdig gilt. Das Spiel mit erzwungenen Lieferantenkrediten kann endlos gehen, vor allem da, wo der Kunde nicht von einem Lieferanten abhängig ist.

Beispiel: Die Werbeagentur „Schwarzer Panther" bietet ihren Kunden ihre Dienste gerne all-inclusive an, also auch inklusive Druckleistungen. Doch während sie ihre Rechnungen stets schnell stellt und bezahlt bekommt, bleiben die Rechnungen des Druckers stets monatelang unbezahlt liegen. Spielt der arme Drucker dabei nicht mehr mit, sucht die Agentur eben einen neuen und versucht es dort auf ihre Art. Kombiniert mit Mängelrügen hält sie den Altdrucker noch etliche Monate in Atem. Und erzielt vielleicht noch einen Preisnachlass im gerichtlichen Vergleichsverfahren.

Solche üblen Spiele gelingen am besten, wo die Konkurrenz groß und die Abhängigkeit von einem Lieferanten gering ist. Doch mancher Dienstleister wehrt sich mit ebenfalls nicht ganz legalen Methoden.

Beispiel: Ein Dienstleister, der IT-Lösungen an Facharztpraxen verkauft, montiert und wartet, ärgerte sich seit Jahren darüber, dass die Dankbarkeit des Onkel Doktors immer dann endet, wenn die Anlage läuft. Er musste dann stets seinem Geld hinterherlaufen. Doch ein Gedankenblitz änderte alles: Ihm kam der fast schon geniale Einfall, einen zeitprogrammierten Unterbrecher einzubauen, der nach vier Wochen Zahlungsverzug die Maschine lahmlegt. Regelmäßig geraten die Doktoren dann in Panik. Doch bei den Notrufen wurde ganz überrascht festgestellt, dass die Rechnung ja noch gar nicht bezahlt wurde. Und prompt gab es eine hervorragende Möglichkeit, die Daumenschrauben anzusetzen.

Und was passierte, wenn der Arzt rechtzeitig zahlte? Dann kam der Ingenieur kurzfristig zu einem kostenlosen Nach-Check der Anlage und erntete Bewunderung ob dieser unerwarteten Dienstleistung. Wir sehen: Es gibt weitaus kreativere Möglichkeiten, als sich auf den Asbachuralten Eigentumsvorbehalt laut Bürgerlichem Gesetzbuch (BGB) im Kaufvertrag zu berufen.

Lohnzahlungen

In vielen Branchen haben die Personalkosten eine gewaltige Bedeutung. Daher liegt es nahe, im Notfall die Löhne später zu zahlen. Doch trifft das die Mitarbeiter heftig. Sie rechnen mit dem taggenauen Geldeingang, denn zeitnah erfolgen im Gegenzug viele Abbuchungen: Miete, Strom, Alimente. Das Theater, das durch auch nur wenige Tage verzögerte Lohnzahlungen ausgelöst wird, muss sich der klamme Unternehmer auf alle Fälle ersparen.

Außerdem: Mitarbeiter meiden meist Risiken und neigen zu Panikreaktionen, die selten diskret bleiben. Die Finanznot des Unternehmens spricht sich dadurch schnell herum. Im Regelfall also lieber den Laden schließen als die Löhne nicht bezahlen.

In ganz wenigen Fällen kommt es vor, dass Mitarbeiter zur Lohnstundung oder gar zum Lohnverzicht bereit sind. Teilstundungen sind dagegen realistischer. Voraussetzung dafür ist jedoch ein sehr familiäres Verhältnis und eine offene Kommunikation im Unternehmen.

Lohnnebenkosten

Wer die Löhne weiterzahlt, sich aber an den Lohnnebenkosten vergreift, der spielt ein äußerst riskantes Spiel.

Lohnsteuer

Das Finanzamt kennt da keine Gnade. Es sind schließlich Fremdgelder, an denen sich der Unternehmer vergreifen würde. Konkret: Er zweckentfremdet Gelder, die er für den Arbeitnehmer treuhänderisch abführen muss. So etwas geht bestenfalls einige Wochen gut. Danach folgt unweigerlich die Kontenpfändung, und zwar aller dem Fiskus bekannten Firmenkonten, mit all den katastrophalen Auswirkungen auf die Bankbeziehungen.

Sozialversicherung

Da heißt es aufpassen, welche Sozialversicherungsbeiträge geschuldet werden. Sind es die Arbeitnehmer-Sozialversicherungsanteile, dann handelt es sich ebenfalls um Fremdgelder. Da kennt die federführende Krankenkasse überhaupt keinen Spaß. Neben harten Maßnahmen, um diese Gelder einzutreiben, drohen regelmäßig strafrechtliche Konsequenzen, die nicht selten mit Bewährungsstrafen enden.

Werden dagegen die Arbeitgeberbeiträge vorenthalten, handelt es sich nicht um Fremdgelder. Die Auswirkungen sind daher weniger extrem. Entsprechend wird hier faktisch länger „Kredit gewährt". Aber: Krankenkassen sind nach unserer Erfahrung die einzigen Gläubiger, die regelmäßig und schnurstracks Konkursanträge stellen. Und sie sind dazu sogar binnen Dreimonatsfrist verpflichtet.

Miete

Verzögerte Zahlungen der Miete sind vergleichsweise weniger riskant. Ähnlich wie Lieferanten wollen Vermieter ihre Mieter im Regelfall behalten. Zumindest so lange, bis sie einen Nachmieter gefunden haben. Denn Leerstand schmälert die Neuvermietungschancen. Zudem haben zumindest die klugen Vermieter Angst vor Verwahrlosung der Räume, die nach Kurzschlussreaktionen von Mietern häufig droht.

Kaltmiete

Kleinvermieter und Großvermieter reagieren sehr unterschiedlich. Während der Kleinvermieter zu direkten Aktionen bis hin zu Handgreiflichkeiten und nächtlichem Schlossaustausch neigt, beschreiten der Großvermieter und sein Hausverwalter eher den juristischen Weg. Und der kann lang sein. Im Regelfall dauert allein eine Räumungsklage zwischen sechs und zwölf Monate. Es ist noch eine Reihe weiterer Faktoren entscheidend, wenn es darum geht, wie schnell der Vermieter reagiert:

- Wie viel Kaution wurde hinterlegt?
- Wie gut lässt sich die Immobilie weitervermieten?
- Wie stark ist der Mieter auf die Räume angewiesen?
- Was kostet ein Umzug?

Im Regelfall ist der Vermieter ein eher risikoloser Notfinanzierer. Besonders in schlecht laufenden Shopping-Centern – wir nennen sie Mausoleen – kennen wir Ladenmieter, die seit vielen Monaten nur noch die Nebenkosten zahlen. Dem Verwalter des Shopping-Centers ist es wichtig, dass keine Räume leer stehen. Das hat damit zu tun, dass ab einer bestimmten Leerstandsquote die übrigen Mieter berechtigt sind, die meist hoffnungslos überzogenen Mieten zu kürzen. In gut laufenden Shopping-Centern dagegen haben Kleingründer ohnehin kaum eine Chance, überhaupt Räume zu bekommen. Die Center-Verwalter vermieten lieber an Filialisten, Franchiser und Unternehmen mit starkem finanziellem Hintergrund.

Mietnebenkosten

Bei den Nebenkosten kommt es darauf an, wer sie erhebt, der Vermieter oder die Versorger direkt.

Beispiel: Der Vermieter des Sportstudios „Fit for life" ist ein Profi. Er baute, unterstützt von seinem Anwalt, eine gewaltige Drohkulisse auf, als Sven und Tanja drei Monate im Mietrückstand waren. Doch die geringen Aussichten, dass ein neuer Mieter für das Sportstudio in den vergammelten Wiesbadener Kellerräumen gefunden würde, ließen alle Drohungen verpuffen: keine Räumungsklage, die Heizung wurde nicht abgestellt, am Ende zahlte der Vermieter sogar die monatliche Stromrechnung. Der Lohn der erzwungenen guten Tat: Es fand sich – nach acht Monaten ohne Mieteinnahmen – ein Nachmieter, der das gescheiterte Pärchen auch noch aus der Restlaufzeit des Mietvertrags befreite.

Leasingraten

Viele Gründer, die sich die Bankfinanzierung sparen wollen oder sie erst gar nicht bekommen, wählen stattdessen das Leasing. Das hat zur Folge, dass sie hohe monatliche Raten zahlen müssen. Grundsätzlich sind Leasinggeber auch eine Art von Lieferanten mit ähnlichem Verhalten wie diese. Jedoch verfügen sie über eine deutlich bessere Absicherung als ein Catering-Service, dessen Eigentumsvorbehalt in der Kanalisation endet.

Wie schnell ein Leasingunternehmen die Objekte bei Ratenverzug abholt, hängt wesentlich von den Chancen der Weiterverwertung ab. Die ist bei Standardfahrzeugen wie Pkws oder Kleinbussen wesentlich höher als bei Spezialmaschinen. Umgekehrt ist es das Aus für ein Unternehmen, wenn Spezialmaschinen abgeholt werden. Denn für sie ist kurzfristig sicher kein Ersatz zu bekommen. Weiteres Kriterium ist die Höhe der Anzahlung und natürlich die Branchenkonjunktur.

Wir erleben, dass Zahlungsausfälle hier eher großzügig gehandhabt und Leasingraten manchmal reduziert werden. Und das über Jahresfrist hinaus. Gerade wenn die Lagerflächen für Rücknahmen voll sind, also in der Krise, sind die Leasinggeber extrem hilfsbereit. Sie sind daher ein eher guter Notfinanzierer. Wichtig jedoch ist eine schonungslos offene Kommunikation, die das Vertrauen erhält.

Steuern

Nichts ist leichter, als das Finanzamt kurz- bis mittelfristig als Finanzier zu missbrauchen. Und das häufig, ohne sich strafbar zu machen. Entsprechend oft wird diese Finanzierungschance genutzt – teils bewusst, teils unbewusst. Mit fatalen Folgen für Gründer sowie Staatskasse. Daher hat ein findiger Finanzminister, mittlerweile im Ruhestand, die Daumenschrauben angezogen.

Der Umfang des Fragebogens zur steuerlichen Erfassung, den jeder Gründer zu Beginn seiner Selbständigkeit ausfüllen muss, schwoll von zwei auf sechs Seiten an. Durch die penible Datenerfassung will das Finanzamt verhindern, dass die Newcomer ihre Erfolgschancen auf dem Markt allzu pessimistisch einschätzen, um höheren Steuervorauszahlungen zu entgehen. Das gilt für die Umsatzsteuer, Einkommen-/ Körperschaftsteuer und Gewerbesteuer gleichermaßen. Vorauszahlungen zehren natürlich an der Liquidität, am stärksten fällt das bei der Umsatzsteuer ins Gewicht.

Umsatzsteuer

Speziell bei der Umsatzsteuervorauszahlung gibt es eine weitere Verschärfung. Auch kleine Gründer müssen die Vorauszahlung statt quartalsweise mittlerweile monatlich anmelden und zahlen. Zumindest gilt das für die ersten Jahre der Geschäftstätigkeit. Das reduziert die interne Kreditlinie erheblich.

Monatsumsatz			10.000 Euro	MwSt. 1.900 Euro
Abzüglich Vorsteuer				600 Euro
Zahllast ans Finanzamt				1.300 Euro
Bei Quartalsanmeldung	Kreditzeit (Durchschnitt)	3 Monate : 2	= 1,5 Monate	
	Kreditbetrag (Durchschnitt)	Zahllast x 1,5	= 1.300 Euro x 1,5	= 1.950 Euro
Bei Monatsanmeldung	Kreditzeit (Durchschnitt)	1 Monat : 2	= 0,5 Monate	
	Kreditbetrag (Durchschnitt)	Zahllast x 0,5	= 1.300 Euro x 0,5	= 650 Euro

Da macht es den Bock kaum noch fetter, dass auch die Schonfrist zur Abgabe der Erklärung von fünf auf drei Tage reduziert wurde. Kleinlich ist der Fiskus schon.

Die Chancen auf eine legale Startfinanzierung durch die Umsatzsteuer sind also deutlich gesunken. Über die illegalen Methoden – von bewusst zu gering angesetzten Umsätzen in der Voranmeldung bis hin zur dauerhaften Unterschlagung – wollen wir hier gar nicht sprechen. Auch ist es fahrlässig, die Finanzämter zu unterschätzen. Über das statistische Kontrollinstrument der Branchenkennzahllast weiß der Fiskus die Größenordnung der geschuldeten Steuer in etwa einzuschätzen.

Einkommensteuer

Für die meisten Gründungen gilt: Am Anfang fällt kein Gewinn ab, daher ist auch keine Einkommensteuer zu zahlen. Die Finanzierung durch das Finanzamt über nicht im Voraus entrichtete Vorauszahlungen entfällt. Doch gerade Freelancer und Einzelgründer wollen und müssen ja am Anfang weitgehend von ihrer Arbeitskraft leben. Und daher durch Selbstvermarktung Gewinn erzielen.

Aus der Praxis

Steuerschulden

So sieht es bei einem freiberuflichen ITler aus, der durch ein Großprojekt gut ausgelastet ist.

Gewinn: 80.000 Euro		
	Einkommensteuer:	30.000 Euro
	– Vorauszahlung:	0 Euro
	Steuerschuld:	30.000 Euro

Im Herbst des Folgejahres kommt der Bescheid: 30.000 Euro, zahlbar binnen Monatsfrist.

Warum werden Steuererklärungen häufig so spät abgegeben? Meist sind sich Steuerpflichtiger und Steuerberater in solchen Fällen einig, das Ganze so lange wie möglich herauszuzögern. Das hat auch etwas mit mangelnder Arbeitsorganisation zu tun – auf beiden Seiten! Doch was ist, wenn im Folgejahr die Anschlussaufträge über etliche Monate hinweg ausbleiben? Der arme ITler hat bis dahin gewiss schon die vielleicht angesparte Rücklage für private Bedürfnisse aufgezehrt. Und dann beginnt das kleinliche und peinliche Gezocke um Steuerstundung und Reduzierung der flugs angeordneten Vorauszahlungen. Wie Sie den Steuer-GAU vermeiden? Die folgenden Tipps helfen Ihnen dabei, einer solchen Entwicklung entgegenzuwirken:

- Realistische Schätzungen der Gewinne abgeben und entsprechende Steuervorauszahlungen leisten
- Steuervorauszahlungen unterjährig anpassen – und zwar positiv wie negativ
- Unterjährig Steuerlast ausrechnen lassen und Geld auf Sonderkonto zurücklegen
- Generell gilt: 25 Prozent vom Umsatz für die Einkommensteuer zurücklegen
- Dem Finanzamt nicht das wichtigste Geschäftskonto angeben, um bei Pfändung Folgeschäden zu minimieren

Tipp
Legen Sie Geld zurück

Machen Sie es wie beim Plus-Sparen der Banken. Die bieten an, überschüssiges Geld automatisch einzuziehen, damit es auch tatsächlich auf Ihrem Sparkonto landet. Übersetzt: Lassen Sie sich vom Steuerberater monatlich die Einkommensteuerlast des Monats kalkulieren – auch wenn er meckert. Legen Sie dann das Geld auf ein separates Finanzamtskonto. Nutzen Sie das Konto ausschließlich zu diesem Zweck und geben Sie auch nur dessen Daten dem Finanzamt für den Zahlungsverkehr an. So haben Sie vorgesorgt. Und wenn es trotzdem eng wird, pfändet das Finanzamt wenigstens kein Konto, das Ihre Geschäftspartner betrifft.

Gewerbesteuer

Mittlerweile ist sie die harmloseste Steuer, zumal sie weitgehend von der Einkommensteuerschuld abgezogen werden kann. Für den Gründer ohne Bankkredit kann sie im Regelfall weder eine Finanzierungschance sein noch ein Problem werden.

Wenn das Finanzamt das Geschäftskonto pfändet

Sie wollen wissen, was passiert, wenn das Finanzamt die Geschäftskonten pfändet? Das ist ganz einfach: Finanzämter haben eigene Vollstreckungsstellen mit eigenen Vollstreckern. Sie brauchen sich nicht mühsam Titel beim Amtsgericht zu erstreiten, sondern fertigen sie selbst. Vorrangig pfänden sie alle ihnen bekannten Bankkonten. Das wirkt wie ein Blitzeinschlag und legt den Zahlungsverkehr eines Unternehmens erst einmal lahm. Daraufhin werden die Banken nervös und streichen unter Umständen die kurzfristigen Kreditlinien. Vor Ort – wie der Gerichtsvollzieher – erscheinen die Vollzugsbeamten des Finanzamtes eher ungern und deshalb spät. Und so kommen ziemlich schnell große Summen zusammen:

		Vorauszahlung	Restzahlung
Umsatz	200.000 Euro		
Zahllast nach Vorsteuerabzug	25.000 Euro	20.000 Euro	5.000 Euro
Gewinn	80.000 Euro		
Einkommensteuer	30.000 Euro	0	30.000 Euro
Gewerbesteuer	5.000 Euro	0	5.000 Euro
Forderung des Finanzamtes			40.000 Euro
+ erhöhte Vorauszahlungen bei der Einkommensteuer			10.000 Euro
Zahlbar binnen vier Wochen			50.000 Euro

In den meisten Fällen wird das Geld nicht brav zurückgelegt, um damit noch Zinsen zu erzielen – wie es in der Literatur so schön empfohlen wird. Eine Rettung ist in solchen Fällen nur noch durch frisches Geld möglich.

Warnhinweis!

Wir halten den Finanzierungsweg Finanzamt für extrem gefährlich, auch in seiner legalen und halblegalen Variante. Er ist verführerisch einfach zu gehen. Doch die anfängliche Toleranz der Finanzbehörde endet spätestens nach ein bis zwei Jahren im Terror. Rücksichtslose Richtlinien reduzieren den Spielraum für Vernunft. Die geforderten Summen werden schnell utopisch, und die Eintreibung erfolgt nun schnell.

Allerdings dauert es, bis das beschafft ist. Häufig löst die gnadenlos schnelle Kontenpfändung vorher bereits eine Lawine aus, die selbst hoffnungsvolle Gründungspflänzchen unter sich begräbt. Verhindern Steuerberater denn nicht solche Katastrophen? In der illegalen und halblegalen Variante vielleicht. Also bedingt.

Kundenanzahlungen

Nicht wenige Unternehmer setzen ihre Kunden bei der Querfinanzierung ein. Sie stopfen mit geleisteten Anzahlungen die Defizite des vorangegangenen Projekts. Im Bauträgergeschäft ist das mittlerweile so arg, dass der Gesetzgeber eingegriffen hat. Aber auch in der Reisebranche wurde nicht umsonst der Sicherungsschein Pflicht. Bei Handwerk, Autohandel und vor allem im Internet sind die Chancen auf Vorfinanzierung durch Anzahlungen jedoch ungebremst gut.

Risiken und Nebenwirkungen bei Notfinanzierungen

Die folgende Tabelle zeigt Ihnen, was Sie bei wem mit welchem Stressfaktor noch an Liquidität herausholen können. Aber bitte richtig verstehen: Sie verschaffen sich dadurch einen mehr oder weniger langen zeitlichen Spielraum. Doch der Preis ist hoch: schlaflose Nächte und der ständige Zwang, zu täuschen und zu tarnen. So etwas belastet die meisten. Wer so weit ist, ist eigentlich schon zu weit. Und benötigt spätestens jetzt den Notarzt – ob im Kittel des Sanierungs- oder des Schuldnerberaters.

Giftliste der Notfinanzierer				
Notfinanzierer	**Was wird finanziert?**	**Höhe der Finanzierung**	**Finanzierungsdauer**	**Stressfaktor und Risiken (Skala eins bis fünf)**
Lieferanten	Verbindlichkeiten aus Lieferungen und Leistungen	Drei- bis vierstellig	Bis zwölf Monate	☹☹
Personal	Löhne	Vierstellig	Ein Monat	☹☹☹☹☹
Personal	Lohnsteuer	Vierstellig	Drei Monat	☹☹☹☹
Personal	Arbeitnehmerbeitrag, Sozialversicherungen	Vierstellig	Drei Monate	☹☹☹☹☹
Krankenkasse	Arbeitgeberbeitrag, Sozialversicherungen	Vierstellig	Sechs Monate	☹☹☹☹
Vermieter	Miete	Vierstellig	Drei bis zwölf Monate	☹☹ – ☹☹☹
Vermieter	Mietnebenkosten	Drei- bis vierstellig	Drei bis zwölf Monate	☹☹ – ☹☹☹
Versorgungswerke	Mietnebenkosten	Drei- bis vierstellig	Drei bis 24 Monate	☹☹☹
Leasinggeber	Leasingrate	Drei- bis fünfstellig	Drei bis sechs Monate	☹ – ☹☹☹
Finanzamt	Umsatzsteuer	Vier- bis fünfstellig	Drei bis sechs Monate	☹☹☹☹☹
Finanzamt	Einkommensteuer	Vier- bis fünfstellig	Drei bis zwölf Monate	☹☹☹ – ☹☹☹☹
Finanzamt	Gewerbesteuer	Dreistellig	Drei bis zwölf Monate	☹☹☹ – ☹☹☹☹
Kunden	Anzahlungen	Drei- bis vierstellig	Ein bis zwölf Monate	☹☹ – ☹☹☹

Was kommt im privaten Bereich infrage?

Auch die private Notverschuldung sorgt für Liquidität im Unternehmen. Denn so lassen sich die privaten Entnahmen aus der Geschäftskasse reduzieren. Wohlgemerkt: Wir sprechen hier nur über erzwungene Kreditierung. Zu einem freiwilligen Beitrag sind die meisten privaten Gläubiger gar nicht bereit.

Allerdings hat die Schuldenmacherei im Privatleben einen ganz klaren Nachteil. Sie belastet umfassend – auch die Familie und den Lebenspartner. Das bedeutet für Sie als Gründer: Sie haben keinerlei Rückzugsmöglichkeiten mehr.

Sparen in der Not

Am vernünftigsten wäre es natürlich, die privaten Ausgaben drastisch zu reduzieren. Das nötigt den Gläubigern Respekt ab, wenn sie es mitbekommen. Aber nicht wenige beharren stur darauf, dass geschlossene Verträge auch sehr genau eingehalten werden müssen. Beispiel: Ein Gründer gibt den geleasten Pkw zurück, weil er dem Leasingunternehmen keine Rate schuldig bleiben will. Aber prompt fordert es heftig hohe Ablösezahlungen.

Hingegen lehrt ein altes Sprichwort: Was zur rechten Zeit nicht gelungen ist, das wird auch in der Not kaum gelingen. Denn der extreme psychische Druck, unter dem der klamme Gründer steht, braucht Ventile. Er muss sich ablenken oder belohnen. Und vielen fehlt die Fantasie, wie das ohne Geld geht. Wer dagegen schon am Anfang zum Spartaner wurde, der hat kaum noch Sparvolumen. Aber es gibt auch wunderbar positive Beispiele für Sparen, das Respekt verschafft:

- Privatautos werden abgeschafft.
- Urlaub ist gestrichen.
- Lebensversicherungen werden lahmgelegt.
- Putzfrau wird eingespart.
- Teure Mitgliedschaften werden storniert.
- Es gibt keine Zigaretten, keinen Alkohol.

Führen Sie dennoch kleine Belohnungen ein, die möglichst wenig Kosten verursachen, Ihnen aber Befriedigung verschaffen oder gar Erfolgserlebnisse bringen. Denn das dient der Motivation, auch in einer eher schwierigen Situation durchzuhalten.

Vom Autofahrer zum Marathonläufer

„Als nichts mehr gelang und ich vor dem Nichts stand, brauchte ich ein Erfolgserlebnis. Es durfte aber nichts kosten. Ich begann zu laufen." Nach einem Jahr wurde aus einem völlig untrainierten Audi-A8-Fahrer ein Sportler. Stolz lief er beim Frankfurt-Marathon 2003 mit dem Hauptfeld ins Ziel ein. Und dabei wurde sein Kopf frei. Heute, sechs Jahre später, hat er es geschafft. Er ist erfolgreicher Organisationsberater für Franchise-Systeme. „Es gibt nichts Schöneres als Selbständigkeit, wenn man sie als Chance begreift, sein Leben frei zu bestimmen. Bei meiner ersten Gründung war ich unerfahren und gierte zu sehr nach Anerkennung und Status." Im zweiten Anlauf hatte er Erfolg.

Privates Girokonto

Der Überziehungsrahmen von 5.000 Euro stammt noch aus der guten alten Angestelltenzeit. Und da wir ohne Bank gegründet haben, hat sie es versäumt, ihn einzuziehen. Genutzt wird der Rahmen schon bis zum Anschlag. Doch sobald wir auch den Zins nicht mehr zahlen, wirft die Bank doch prompt ihre Grundsätze über Bord und lässt für sich selbst Überziehungen zu. Das ist nett von ihr. Denn auch dadurch können Zahlungen monatlicher Beträge im dreistelligen Bereich aufgeschoben werden.

Ein großes Druckpotenzial hat die Bank aber sowieso nicht. Die Beitreibung eines gekündigten privaten Kleinkredits dauert unter Umständen Jahre. Gerade dann, wenn es die Bank aus Kostengründen der eigenen Rechtsabteilung überlässt.

Tipp
Verteilen Sie Ihre Konten

Unterhalten Sie das private Girokonto möglichst bei einer anderen Bank als Ihre Geschäftskonten. Das lässt im Notfall Spielraum für Verlagerungen und entzieht den Banken die volle Kontrolle. Lassen Sie im schlimmsten Fall private Zahlungen über fremde Kontenverbindungen sicherstellen.

Persönliche Krankenversicherung

Seit der letzten Gesundheitsreform ist kein Gläubiger so hilflos wie die Krankenkassen. Jeder Deutsche hat ein Recht auf eine Krankenversicherung, ergo kann grundsätzlich keiner gekündigt werden – Schulden hin, Schulden her. Selbst die dringliche Aufforderung der Krankenkasse, der klamme Unternehmer möge doch gefälligst Hartz IV beantragen, damit der Staat die Versicherungsbeiträge übernimmt, verhallt ungehört. Den hilflosen Kassen bleibt nur der lange und mühsame Klageweg. Sie werden daher die Letzten sein, die beim Wettlauf um den Pfändungstitel ins Ziel kommen. Vorübergehende Ausgabenreduzierungen: etliche tausend Euro im Jahr.

Allerdings: Die Leistungen, die Sie bekommen, sind in der Zeit der Rückstände auch deutlich eingeschränkt. Sie umfassen nur noch sogenannte unaufschiebbare Leistungen. Dazu gehören keine Vorsorgeuntersuchungen und Medikamente, jedoch Behandlungen bei Schmerzen und akuten Erkrankungen.

Rentenversicherung/Lebensversicherung

Ähnlich problemlos verläuft die Stundung bei der Rentenversicherung. Realistisch muss jedoch gesehen werden, dass ein risikoreduzierter Gründer, der in finanzielle Nöte gerät, oft von Anfang an kaum etwas einzahlen konnte. Und auch die vielleicht ursprünglich bestehende Lebensversicherung wurde oft schon zur Anschubfinanzierung aufgelöst oder abgetreten.

Private Miete und Nebenkosten

Wer zur Miete wohnt, hat die Möglichkeit, die Mietzahlungen einzustellen. Das schafft deutlich geringere Ausgaben für die private Lebensführung. Doch ob Hausverwalter oder Privatvermieter – Vermieter sind generell ein ungeduldiges Völkchen. Ihre Beitreibmethoden unterscheiden sich, die Verwalter gehen eher juristisch vor, die Privatvermieter bevorzugt mit direkter Aktion. Sie brauchen in jedem Fall gute Nerven. Dann sind erzwungene „Kreditlaufzeiten" von drei bis zwölf Monaten locker drin. Das gilt auch für die Nebenkosten. Lediglich bei den direkt zahlbaren Stromkosten ist auch kurzfristig Vorsicht geboten.

Essen und Trinken

Die Gefahr des Hungertods besteht in Deutschland nicht – auch nicht für klamme Gründer. Allerdings ist auch das Anschreibenlassen kaum noch möglich. Wer vom Essengehen zum Selbstkochen wechselt, spart nicht nur Geld, sondern gewinnt häufig mehr Genuss. Keine Zeit dafür? Schlecht! Denn Kochen entspannt und bringt Ideen – ganz anders als Fernsehen.

Sonstiger Konsum

Statt weiter Technik und Mobiliar auf Pump zu kaufen, ist hier rigoroser Konsumverzicht das Gebot der Stunde. Das nötigt nicht nur Respekt ab, sondern ist auch unumgänglich. Denn schon eine geplatzte Rate aus bestehenden Konsumverpflichtungen, zum Beispiel für einen neuen Fernseher, lässt die persönliche Bonität derart in den Keller rauschen, dass die Möglichkeiten zum Weiterkonsumieren schnell erschöpft sind. Unregelmäßigkeiten bei der Kreditbedienung werden nämlich von den Teilzahlungsbanken blitzschnell an die Schufa gemeldet. Außerdem: Wer in solch kritischen Situationen noch an einen neuen Flachbildfernseher denken kann, der ist persönlich ungeeignet, ein Unternehmen zu führen.

10. Bessere Chancen durch Gründungsberatung?

Während von allen Seiten die Richtigkeit und Wichtigkeit von Beratung vor der Gründung gepredigt wird, schrecken mehr als 70 Prozent der Gründer davor zurück. Alles Besserwisser? Wohl kaum. Auch scheuen nicht alle die Ausgabe, die trotz staatlicher Förderung anfällt. Häufig bezweifeln Gründer einfach die Seriosität und Kompetenz der Berater. Zudem ist die Auswahl auf dem intransparenten Markt auch nicht gerade leicht. Wir nehmen Sie mit auf die Beraterseite, um Ihnen eine neue Sicht zu ermöglichen.

Wer soll das bezahlen?

Alles, was Geld kostet, sollten Gründer ohne Kredit meiden. Das spricht eigentlich eindeutig dagegen, sich eine Gründungsberatung zu leisten. Andererseits: Mit schmalem Geldbeutel wirken Fehler schneller tödlich. Das spricht für einen Berater, der die Problemlage von Kleinstgründungen kennt. Kostenlos gibt es dessen Dienste selten, Paten bieten teilweise Ersatz. Am nützlichsten wäre die Betreuung durch einen Kleingründer, der vor wenigen Jahren das Gleiche erlebt und überlebt hat. So etwas kommt jedoch selten vor, denn Kleingründer neigen – nicht nur aus Zeitgründen – nicht gerade dazu, über ihre Erfolge zu reflektieren oder ihr Wissen gar pädagogisch zu vermitteln. Auch ohne Zwang zum bankfähigen Konzept ist daher eine Gründungsberatung mehr als ratsam. Die Kosten lassen sich begrenzen. Staatliche Zuschussprogramme erstatten die Beratungskosten zu 50 bis 90 Prozent. Damit kann sich im günstigsten Fall die Eigenbeteiligung auf wenige hundert Euro reduzieren.

Die Wünsche der Gründer

Wenn Gründer sich einen Berater suchen, haben sie eindeutige Wünsche. Viele sind erfüllbar; jedoch wäre es töricht, sie zu erfüllen.

„Schreib mir das Konzept"

Diese Bitte ist ideal für den Berater, denn schreiben können die meisten. Doch die Lohnschreiberei ist nur bedingt sinnvoll. Spätestens wenn der Kreditbanker auf den Gründer trifft, merkt er ganz schnell, dass ein Ghostwriter am Werk war. Eine nicht nur unangenehme, sondern auch gefährliche Situation. Der Gründer wird dann von Beginn an besonders gründlich auf seine persönlichen Fähigkeiten hin getestet.

„Schau mal, was ich da Tolles vorhabe"

Eigentlich sind die Gründer, die stolz etwas Ähnliches wie ein Konzept präsentieren, noch schlimmer. In den meisten Fällen erwarten sie Lob. Und sie verkraften bestenfalls marginale Veränderungen widerstandslos. Ist das Konzept dann noch aus einem der zahlreichen Businessplanmuster mehr schlecht als recht zusammengeschustert, besteht jedoch die Gefahr, dass es lediglich als Steinbruch taugt. Der Gründer will kosmetische Korrekturen, der Berater sieht die Notwendigkeit zum Neubau inklusive Fundament. Spätestens hier entscheidet sich: Ist der Gründer überhaupt beratungsfähig?

„Soll ich oder soll ich nicht?"

Der Gründer will eine Entscheidung vom Berater. Er ist ergebnisoffen. Schön. Oder doch nicht? Ist er etwa zu ängstlich? So oder so: Der Berater hat hier gute Aussichten, wenn ihm bewusst ist, dass er nur Entscheidungshilfe gibt. Und das muss er auch dem Gründer vermitteln. Also dreht sich die Fragestellung: Der Gründer ist sicher beratungsfähig. Doch ist er auch entscheidungsfähig?

Tipp
Wie mag mich der Berater?

Vielleicht hat der kurze Perspektivenwechsel Ihnen schon einige Anregungen gegeben. Hier unsere Tipps, wie Sie auftreten sollten, damit sich die Beratung auch lohnt:

- Ich habe ein eigenes Konzept, stelle es aber auf den Prüfstand.
- Ich bin uneitel, aber dennoch von meiner Idee überzeugt.
- Ich weiß oder ahne, was der Berater nun mal besser kann.
- Ich bin fachlich so fit, dass wir über den Kernbereich kaum sprechen müssen.
- Ich habe klare Vorstellungen, was ich vom Berater will.
- Ich halte den Test der Persönlichkeit aus, auch wenn es intimer wird.
- Ich bin weder zu legalistisch noch kriminell.
- Ich habe wenig Angst und bin auch kein Gutmensch.
- Ich habe ein Ziel.

„Kannst du uns beraten?"

Eine Teamgründung steht an. Einer der Partner kommt und stellt genau diese Frage. Tunlichst stellt man sofort die Gegenfrage: „Wer ist

‚uns'?" Selten will ein Gründerteam wirklich beraten werden, meistens ist es nur einer der Beteiligten. Neben der Frage, wer eigentlich beraten werden soll, und dem im Hintergrund bei Interessenkonkurrenz lauernden Parteienverrat ist entscheidend: Wer ist Macher, wer Mitmacher? Die naivste Antwort: „Wir sind ein Team." Schön für den Berater, wenn der Macher beraten werden will. Und vermutlich die einzige Chance für den Erfolg.

Beratung muss wehtun

Die Mehrheit der Gründungsberater sieht sich als Helfer, Motivator und Beschützer. Die Gründer sind ihre Kinder, zu denen sie nett sein müssen, schließlich sind sie ja noch klein. Außerdem führt das zu weniger Ärger und bringt mehr Geld. Gutsein, das sich lohnt.

Wir sind gänzlich anderer Meinung. „Draußen ist Krieg", lässt der Regisseur Dieter Wedel den Finanzhai Karl-Heinz Rottmann (Heinz Hönig) im legendären „Großen Bellheim" verkünden. Das ist vielfach realistischer, als die Ideologie der ritterlichen Gesellschaft zu vertreten. Daher ist Härte in der Beratung so notwendig wie Härte in der Kaserne. Die Gründer brauchen wenige Belehrungen über die Gesetze, dafür mehr Klarheit über die Realitäten und vor allem über sich selbst. Das tut dann am meisten weh.

„Seit vielen Jahren will ich mich mit einem Hotel selbständig machen", sagt die 47-jährige Personalberaterin. „Und nur weil ich kein Eigenkapital habe, scheitert der Bankkredit!" Das wäre zum Beispiel eine gute Gelegenheit für den Berater, gemeinsam mit der Klientin das Klagelied über die bösen Banken zu singen und sich die schrägen Töne auch noch bezahlen zu lassen. Eine noch bessere Gelegenheit aber auch, den Elchtest zu machen: „Sie sind 47 Jahre alt. Warum haben Sie kein Geld?"

Je älter ein Gründer ist, je erfolgreicher (nach seiner Aussage) seine Vergangenheit war und je langjähriger (angeblich) sein Gründungswunsch besteht, desto schwerer fällt ihm eine Antwort, die so gut ist, dass wir beschließen, ihn weiter zu beraten. Brutal? Gerne! Aber: Nicht wer kein Geld hat, ist per se ungeeignet, sondern wer keinen guten Grund dafür hat!

Angst und Schrecken?

Haben wir jetzt genügend Ängste geschürt, Positivdenker schockiert und Skeptiker bestätigt? Für Ängstliche gibt es noch hundert Gründe mehr, lieber im Bett zu sterben. Doch da erlebt man nichts und macht auch keine Geschäfte. Oft hilft am Anfang der Grundsatz „In Kleinigkeiten großzügig, in großen Dingen kleinlich". Die Konsequenz daraus: Kapitalschwache Gründer müssen sich zunächst auf Kleinaufträge beschränken. Das kann mehr Aufwand bei weniger Ertragschancen bedeuten, aber auch bei mehr Sicherheit. Manche gewinnen Sicherheit wie ein Kleinkind, das laufen lernt. Gründen ohne Bankkredit kann durchaus erfolgreich sein, wenn mehr Cleverness und mehr Zeit eingesetzt werden und wenn Branche und Betriebsgröße stimmen.

Natürlich kann die Sache auch schiefgehen. Gescheitert! Wann ist der Mensch tot? Wenn das Herz nicht mehr schlägt. Beim Unternehmen ist die Diagnose schwieriger. Viele sagen, wenn das Geld alle ist. Falsch. Gescheitert ist ein Gründer, wenn die Flamme erloschen ist. Wenn er innerlich kapituliert hat. Zur Wiederbelebung nützen dann weder Geld noch Rat. Wenigstens hat der risikoreduzierte Gründer ohne Kredit nicht die Bank im Nacken. Die psychischen Folgen des Scheiterns spürt er meistens dennoch.

Umgekehrt wäre es besser: Wenn die Flamme noch brennt, der Gründer noch ansprechbar, handlungsfähig und lernfähig ist, kann mit Geld oder Rat durchaus geholfen werden. Da ist es dann gleichgültig, ob über die Sanierung ein Leben gerettet oder durch geschickte Liquidierung die Basis für eine Wiedergeburt, ein zweites Leben also, geschaffen wird.

Bitte jetzt entscheiden!

Toll, Sie haben bis zum Schluss durchgehalten. Ein gutes Zeichen. Dann müsste jetzt Ihr Gespür sensibilisiert sein: Mut genug oder Angst zu viel, um es zu versuchen?

Auch als Angestellter gibt es viel zu erleben, notfalls in der Freizeit. Man sollte nur auf Erich Kästner hören: „Das Sichere ist nicht sicher."

Daher: Entscheiden Sie jetzt. So viel Wagnis muss sein.

Übrigens: Fast alle Gründer bereuen es nicht. Und selbst viele der Gescheiterten sagen uns: beim nächsten Mal anders. Aber wieder!

Und starten in ihr zweites Leben.

Die zehn Gebote für eine risikoreduzierte Gründung

1. Was sofort Geld bringt, ist gut, was erst einmal Geld kostet, ist schlecht.
2. Zeit spart Geld. Das bedeutet, mehr zu arbeiten als die, die sich Maschinen und Technik leisten können.
3. Jeder Fehler kann tödlich sein. Das heißt, man muss sich in der Branche auskennen.
4. Angst essen Seele auf. Denn Angst lähmt nicht nur, sondern sie belastet darüber hinaus finanziell durch Zaudern, Versichern und Rückversichern.
5. Beschäftige zunächst nur Giver und keine Taker. Das heißt, Menschen, die mitziehen und nicht gleich kassieren wollen.
6. Vermeide jegliche Form der repräsentativen Ausgestaltung des Unternehmens.
7. Verzichte privat auf alles, was du entbehren kannst.
8. Konzentriere dich auf schnell wechselbereite und wechselfähige Kunden.
9. Achte auf eigene schnelle Bekanntheit.
10. Bevorzuge schnell zahlende Kunden.

Der ideale Gründer ohne Bankkredit

1. Geringer Finanzierungsbedarf, weil:
   - ☐ Niedrige Investitionen.
   - ☐ Kein Warenlager.
   - ☐ Geringe fixe Kosten.
   - ☐ Ein Partner garantiert die private Lebenshaltung.

2. Warmgründer
   - ☐ Der Gründer kennt den Markt, er ist schnell an den Kunden.
   - ☐ Der Markt kennt den Gründer.
   - ☐ Der Gründer weiß, wie es geht – in der Praxis –, er vermeidet also Geld- und Zeitraub.
   - ☐ Der Gründer hat keine Angst vor den Kunden und umgekehrt.

3. Kapitalquellen
   - ☐ Der Gründer ist bei Lieferanten kreditwürdig.
   - ☐ Die Kunden zahlen bar oder schnell.
   - ☐ Die FFFs stehen mit Reserven bereit.

4. Ruhe bei der Bürokratie
   - ☐ Keine Auflagen.
   - ☐ Keine Nachweise.
   - ☐ Keine Sicherheiten.
   - ☐ Keine Vorauszahlungen.

5. Offene Branche
   - ☐ Branche, in der leicht gewechselt wird und der Türschwellen-effekt niedrig ist.

6. Der richtige Typ
   - ☐ Gründer ist Zwischentyp mit Hang zum Unternehmertyp.

Die Phasen einer Existenzgründung

1. Einstiegsphase

Beschäftigung mit dem Gedanken an Selbständigkeit, beeinflusst von der persönlichen Lebenssituation und dem Umfeld; sporadisches Abwägen diverser Gründungsideen auf Kneipengesprächsniveau, mehr oder weniger klare Entscheidung für eine bestimmte Branche („irgendwas mit Obst"), mehr oder weniger abstrakter Beschluss, es zu versuchen; häufige Hoffnung: ein bisschen Selbständigkeit, den Zeh ins kalte Wasser halten.

2. Orientierungsphase

Viele zielgerichtete und zufällige Gespräche, Literatur wird beschafft, Besuch eines Gründungskurses; der Immobilienteil der Zeitung wird wichtiger; selektive Wahrnehmung von Nachrichten, Auswahl spezieller Sendungen und Zeitschriftenartikel; Gespräch mit Freunden über Teilhaberschaft oder Anstellung; Vorfühlen bei Banken, IHK usw.; Erkenntnis, wie komplex alles ist; Konzentration auf das, was Spaß macht; „Traumphase" bis hin zur harmlosen (weil zunächst noch folgenlosen) Euphorie.

3. Akutphase

Ein Ereignis tritt ein, das eine Entscheidung verlangt: die Chance. Die Traumphase wird durch Bewusstwerden der Realität abgebrochen, die bisher harmlose Euphorie kann jetzt gefährlich werden. Beispiele: Räume werden angeboten, eine Geschäftsübernahme ist möglich; Entscheidungsdruck wird quälender, je schneller die Entscheidung verlangt wird, je geringer die Gründungseuphorie ist, je mehr Teilhaber beteiligt sind, je nüchterner das Umfeld reagiert (Familie, Freunde, Vermieter, Bank), je weniger das bisherige Leben quält (Beruf, Arbeitslosigkeit). Problem: Obwohl die Entscheidung jetzt zu treffen ist, besteht das Konzept weitgehend aus Fragmenten und Träumen.

4. Entschlussphase

Der belastende Entscheidungsdruck endet entweder mit einer klaren Entscheidung für das Angebot oder durch dessen Zurückweisen. Auch bei einer negativen Entscheidung entsteht eventuell starkes Unbehagen, vor allem, wenn andere dies fördern (verpasste Chance). Wird positiv entschieden, folgt zunächst kurze Erleichterung, da jetzt Klarheit herrscht. Beispiel: Der Vertrag ist unterschrieben.

5. Gründungschaos

Am Anfang wird noch sorgfältig geplant beziehungsweise Zeit vergeudet, am Ende ist das Chaos absolut. Alle weggeschobenen, weil unangenehm oder unwichtig scheinenden Probleme und Entscheidungen kommen mit solchen zusammen, die erst jetzt im Raum stehen. Sie werden sofort gelöst oder bleiben ungelöst. Es schlägt die Stunde derjenigen, die schnelle Lösungen versprechen und zu einer schnellen Unterschrift verführen. Konzeptionsloses Delegieren von Aufgaben, um sich selbst aktuell zu entlasten; Flucht aus der tonnenschwer lastenden Verantwortung.

6. Eröffnung

Unter starkem zeitlichem Druck lebt der Gründer nur noch auf einen Tag hin: den Termin der formellen Eröffnung. Ähnlich wie am Hochzeitstag wird alles viel weniger tragisch als befürchtet. Aber: Die Eröffnung ist meist äußerst unvollkommen (nicht nur an den eigenen Ansprüchen gemessen), da bis zum Schluss mehr Energie für das Putzen der Räume aufgewendet wird als für eine sinnvolle Gestaltung des Ablaufs. Steife bis peinliche Ouvertüre; das Ende des Eröffnungstags führt zur entspannenden Erleichterung des Gründers.

7. Vollspannungsphase

Am nächsten Tag dämmert langsam die Erkenntnis, dass mit der Eröffnung ein neuer, „geregelter" Tagesablauf begonnen hat. Geregelt sind zunächst formal die „Öffnungszeiten", was zur äußersten Disziplin zwingt, obwohl im Inneren weiterhin Chaos herrscht. Die Betriebsabläufe gestalten sich noch völlig dilettantisch. Anspruch und Wirklichkeit geraten in Konflikt. Euphorie und Resignation bei der Kundengewinnung wechseln sich ab. Klare Einschätzungen fehlen, dennoch ist Kritik unerwünscht. Das Prinzip des Später herrscht vor. Die Angst im Nacken erzeugt eine ständige Stresssituation. Schlechte Ratgeber, die bisher geschlafen haben, wachen auf und versuchen ihr Glück bei den verwirrten Gründern.

8. Routinephase

Allmählich entwickelt sich eine gewisse innere Ordnung, auf welchem Niveau auch immer. Träume werden zunehmend der Realität geopfert, Ansprüche – meist unbewusst – aufgegeben. Der Gründer hat eine gewisse Sicherheit gewonnen. Ruhephasen stellen sich ein, sie werden aber selten dazu genutzt, Fehlentwicklungen zu korrigieren oder über das Geschehene zu reflektieren. Angst vor dem Rückfall ins Chaos; erste, doch oft trügerische Phase finanzieller Überschaubarkeit nimmt Existenzangst.

9. Alltag

Die Ordnung hat sich gefestigt. Stärken und Schwächen des Unternehmens und seiner Organisation sind Alltag geworden, akzeptiert von den verbliebenen Kunden, Partnern und dem Personal. Die Träume sind weitgehend durch die Realität verlorengegangen. Der Alltagstrott wird nur noch durch besondere Ereignisse durchbrochen. Die Finanzen sind überschaubar, sofern keine größeren Zahlungen drohen (Finanzamt, AfA, Kredittilgung). Je größer die Frustration, desto entscheidender wird der Faktor Geld. Ökonomisierung: Frage danach, ob sich das Ganze lohnt und wofür der Gründer arbeitet. In der Folge: Rationalisierung, Fehlersuche mit Profitinstinkt, Ansätze zu den üblichen Verhaltensweisen von Kleinunternehmern wie beispielsweise Trägheit durch Gewohnheit, Verbündung mit den Mitarbeitern gegen die Kunden, mangelnder Innovationswille oder nachlassende Selbstkritik.

Stichwort-verzeichnis